溫馨小孕語

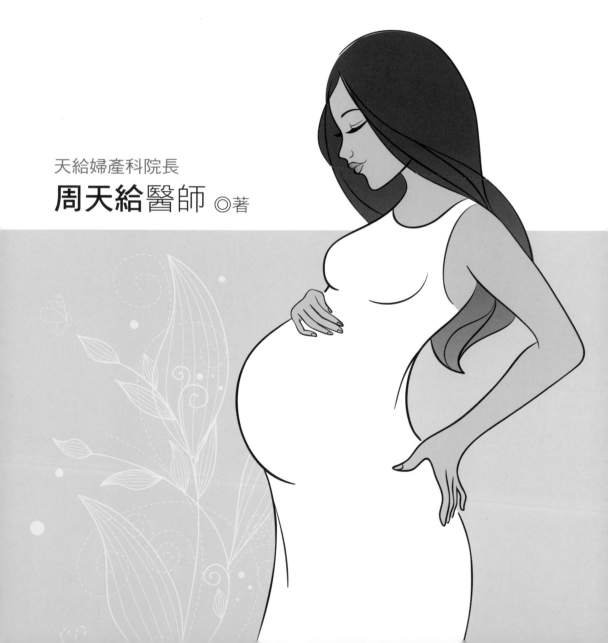

天給婦產科院長
周天給醫師 ◎著

Contents

第一篇

新生命萌芽 16

第二篇

懷孕280天 *30*

Contents

Contents

第三篇

產後 *160*

　　作者是一位資深且很有愛心之婦產科醫師。他以一位高齡職業婦女努力懷孕之喜悅及青少女非預期懷孕，做生與不生抉擇之衝突，說明懷孕要顧及母體、胎兒之健康外，也需要有能力、有愛心去陪伴孩子快樂之成長，讓我們之下一代能更優質，以提昇台灣之國力。

　　面對台灣之低生育率，婦產科醫師面對照顧孕產婦之林林總總均是有接受全面化且最新之醫學再教育，提供孕產婦有醫學證據之客觀且人性化之照護。

　　本文從應用新科技——超音波，看出胎兒之胎心音、胎兒成長之動態影像、羊水之多少等，讓新手爸媽驚喜不已，讓他們更恩愛；但孕婦確實也要承受懷孕孕吐等之不適，及面臨生活上可能帶給母體、胎兒之風險，像菸、酒、X光暴露、養動物發生弓漿蟲感染之風險、用藥安全、染燙髮、搭飛機及打疫苗之重要性等，並指導如何一人吃兩人補、如何維持標準體重及運動，甚至介紹如何克服皮膚癢症及便祕，並特別強調牙齒之照顧，真是很用心的！

　　他更用心的是用口語化，易懂之文字讓讀者知道所謂新科技之第一孕期之產檢項目，包括海洋性貧血、第一孕期抽母血之非侵入性染色體篩檢，並可做胎兒脊髓性肌肉萎縮症、X染色體脆折症之篩檢、子癇前症風險評估等，並讓民眾知道可測子宮頸長度預知是否有早產，予以早期介入。此外，懷孕六個月時需做妊娠糖尿病篩檢之重要性，懷孕及產後期間如何維繫夫妻感情，做爸爸的如何關

心、照顧另一半，以及體諒她懷孕生產及照顧孩子之辛苦，並要學會如何做父母。

　　產程之經歷是很緊張且辛苦的，作者介紹生產是要經陰道生產或剖腹產之選擇是有原則的，並介紹產兆、產程等，及懷孕之一些風險，非常生動；也鼓勵老公陪產，經歷什麼是溫柔生產。

　　最後之產後篇強調哺餵母乳之好處，及媽媽堅持要餵母乳、親子同室之價值。生在台灣很幸福，政府提供新生兒先天代謝異常篩檢、超音波檢查、聽力篩檢等，可早期發現早期治療。又新生兒啼哭之警訊及哄嬰兒千萬不要過度搖晃，以免腦受傷，是新生兒照顧很重要且需及早知道的。

　　對媽媽而言，產後運動、恢復身材、及早避孕均是很需要的。本書是一本給孕產婦及其家人易懂之產科知識之精髓寶典，期待所有孕產婦因閱讀此書而獲益，順利生產及學到如何養育您們之寶寶，恭禧您們！

江千代 於111年7月12日

（臺北市立聯合醫院和平婦幼院區兼任主治醫師、
臺灣大學醫學院副教授、臺灣婦產科醫學會常務理事）

　　與周院長的結識是在於2016年，我跟周院長，同時參加了「台北醫學大學全球生醫健康企業家班」，也因此很榮幸地跟我這位北醫大的大學長成為了同學。周院長不僅醫術精湛、學識豐富，更是才華洋溢、風趣幽默。每每與他談話，總能感受到他對文詞詩賦的涵養豐富，並且言談總是反應機智、妙語如珠，真可說是一位允文允武的醫者！

　　周院長是知名婦產科權威，不僅曾任多個醫務相關協會的理事長，也發表過非常多婦產科的專業研究論文，並且有眾多醫藥新聞報導都專訪過周院長，可說是醫術與學術兼備的良醫。

　　面對社會的少子化，每位成功懷孕的母親，都是國家的寶貝；每一個新生命的萌芽，更是彌足珍貴且足以慶賀的事。從懷孕的第一天起，每位母親無一不是滿懷期待地迎接小寶貝的到來，這個過程是既期待又帶著緊張及興奮。而面對即將經歷的懷孕過程，每個不同的孕期階段，都有值得關心及了解的方方面面。周院長以他多年看診及行醫經驗，一步一步，揭開母親、胎兒與醫師之間的親密對話，這本孕期的《溫馨小孕語》真可說是孕媽咪們的一盞明燈與寶典，更是從孕前就值得好好細讀的書。

　　周院長清晰好讀又風趣的筆觸，讓人不覺得是在讀一本婦產科醫師寫的醫學文章或看診記錄，反倒能透過一則則真實的臨床故事，緊扣人心且溫馨傳遞給每位孕產婦在孕程中所可能面臨到的生理、心理，甚至家庭關係或社會環境中可能面臨的種種疑問或困擾。

醫學領域對一般民眾是充滿尊崇與好奇的，不論是懷孕前期、中期、後期，甚至到生產後，其實每個階段，孕婦都有其應當具備的醫學知識以及生活中的注意事項。周院長不僅在每則小故事之後，帶上【開箱分享：孕產小教室】，清楚說明孕產醫學小常識，讓孕婦能經由正確的醫學知識及說明中，減少對懷孕的不安與焦慮，而且能更懂得照顧自己與胎兒。

　　書中沒有生硬的醫學用語，反倒是充滿醫師與孕婦間的互動關懷。周院長以多年行醫生涯中一則則溫馨動人的真實臨床故事，訴說著生命延續的美好與珍貴，也讓親子關係從產檢的第一刻起，搭起幸福的溝通連結！

　　我的兩次懷孕經歷都較為辛苦，第一胎有子癇前症，懷第二胎時又發生妊娠劇吐併發酮酸中毒。因此我才能深刻體會到，孕程中有值得信任的婦產科醫師相伴有多重要！

　　真心覺得這是一本極為適合待孕及懷孕婦女悉心閱讀的好書！同時謝謝周院長的無私分享，也感謝周院長多年來對婦女健康的辛勞付出。

雷小玲

（台北醫學大學公共衛生博士、營養師）

　　想換一個方式，讓您在這繁忙的生活裡，也可利用些許零碎時間，輕鬆地翻閱著想要看的文章，讓您看時覺得有味，看完想再一直看下去。

　　本書採三重視角的方式，從聆聽子宮內小寶貝的悄悄語，到捕捉媽咪母愛的情感，然後再釋出醫生對嬰兒與母親關注的言辭，以勾勒出一則一則大家所欲知聞的溫馨小孕語。也就是盡可能寓醫理於情感，寄情感於常景中，讓讀者藉一冊書融進多重時空中，也能以不同領域的身分去接近那麼饒富醫學氣味的一本書。

　　這些分則小語，當然都是在行醫生涯裡，在記憶深處，曾經觸動了我，認為值得寫出來，讓大家一起來沉思，一起來感受，一起來享有。也許，您可以把這一則則小語，當作是一樁樁故事，來增加您的閱讀情趣，而不覺得讀了疲倦。也許，您可以從本書一則一則的故事中，誘使您將來也寫成一件一件自己的懷孕日記；也許，您也可以為自己的妻子，甚或親姐妹，以如此的感知，記錄懷孕中那頗值得您回味的點點滴滴。

　　醫學領域浩瀚，臨床頗具多樣性。也許您盼望有更多的題材，希望作者有更多經驗與您分享。鑑於一本書如推出太多字句篇幅，多少會給讀者太多的負擔。當然，如果您不嫌棄，將來願再寫些可讀性、透尋人心的醫學文章，誠摯地與您作情感上的互鳴。

　　本書的出版，感謝前台北市立婦幼綜合醫院院長，也是資深的婦產科醫學前輩江千代醫師，對本書細心的審閱及撰文推薦；尤

其，江院長多年來對我的專業指導，常令我銘感在心。而我在北醫大全球生醫健康企業家班的同學雷小玲博士，也以她的個人經驗及長年關心婦女健康的心得，為本書添文增彩，在此一併致謝。另外，寫著此書的過程，我讀小二的小外孫女曾靖喬也常在燈下寫作業、伴我，得知我寫作的起心動念，熱愛繪畫的她，心血來潮畫出一幅小圖，借以下小小篇幅，將其中的親情與溫馨與讀者分享。

2022年8月

繪圖：曾靖喬

　　《溫馨小孕語》是一本關於胎兒、母親與醫生之間對話的書。此書，由腹中的小寶貝、懷孕的媽咪、關懷母嬰健康的醫生，共同傳遞彼此內心關心的訊息。

　　過去，很多前輩醫師，用心著作了有關孕產婦健康，個人覺得都是很優質的醫學書品，保護著婦幼大眾，相信大家都感激在心頭。寫成《溫馨小孕語》這一書的目的，也是要透過胎兒、孕媽、醫生無聲的紙上對話，展露一則則如同有畫面、有聲音、有感覺的事件，同時也是大家關心的種種懷孕話題。但願，讀起這本書，會讓您有另外一種意境的投入，倍覺是高貴又清新的享受。

　　本書的編輯，共分三篇。其實，它也可以僅用二篇來表現，其中第一篇的「新生命萌芽」可以歸入第二篇的「懷孕280天」。當然，第三篇就是大家所關心的「產後」了。為何將「新生命萌芽」一篇獨立出來，其來有自。新生命的萌芽是上帝賜給人類的禮物，但在現實社會，懷孕此事古難全，從不孕到遲來的高齡孕息，兩小無猜種下愛的結晶，到不解生父到底是誰，林林總總的遭遇會在此篇幅述及。同時，政府及民間用心建構友善的生養環境，及APP上傳胎兒影像到雲端的介紹，就是要開啟兼有關懷、又能具愉悅心情，有興趣地來閱讀接下來的文章。

　　書中各則文章的介紹，有些是敘述臨床的某個事件，儘量讓一切畫面還原到有聲的即時現場。透過平時產檢中，有時捕捉胎兒傳達盼能得到保護的訊息，有時描繪媽咪毫無隱藏地追問著醫生，展

露出母親對腹內胎兒無盡的愛與掛懷。接著，醫生會將一切再娓娓道來，來回地再——詮釋著自己專業上的見解。

　　本書盡量用精簡的語言來表達，讓讀者能感覺到清新、易懂。最後，在每則文章末尾又附上了【開箱分享：孕產小教室】，對常見的醫學知識再做一些延伸及整理，充分地做多元醫學論點的補充，讓讀者閱讀後能獲得更多。本書的插/配圖也力求專業、精美、活潑，相信能讓您在輕鬆、愉快的氛圍下，喜悅地讀完此書。

第一篇

新生命萌芽

多一些溫情
懷孕真幸福

小寶貝的媽咪，已是39歲的高齡初孕婦。媽咪多年來忙著事業，一方面婚姻耽擱了幾年，一方面媽咪原本月經就是非常亂，打算懷孕也有兩年了。經過隔壁中醫診所院長的悉心看診，認真調養兩個月，終於懷孕了。爹地跟媽咪到了婦產科診所，經醫師把子宮內我這個小寶貝的影像，清晰地在超音波螢幕上呈現出來，並播放著我那充滿生命的心跳聲，爹地跟媽咪感動得嗚不出聲來。醫生細心叮嚀孕期注意事項，也告知爹地如何照料媽咪。真的，醫師可以讀心的話，此時醫生款款的話語，爹地絕對都會聲聲入耳。說來，媽咪從不孕到遲來的高齡孕息，一般人若非親見親歷，是無法領會此時他們是如何恩愛的溫情。真的，懷孕是幸福的，幸福懷孕充滿著喜悅。

開箱分享

孕產小教室

❶ 通常，我們所謂的月經週期，就是指從月經的第1天算起，到下次月經的第1天為止。其實，就卵巢濾泡的成熟來看，卵巢週期在月經未來前就已經開始。典型的人類卵巢週期，一般大約是28天，不過還是以30天較為多見。雖然月經週期一般大約也是28天，但每個不同女性，或是同一女性的不同週期，的確仍有極大的變異。月經週期顯著不規則，常是不利於生育的。

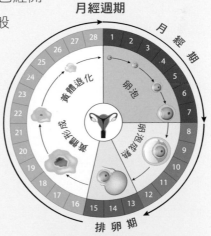

月經週期

排 卵 期

❷ 現在，我們可利用都卜勒（Doppler）原理，利用超音波（ultrasound）更早來測聽胎兒的心跳。超音波可直接射向移動的血液，從末期月經算起的第48天，我們就可聽到胎兒心跳。

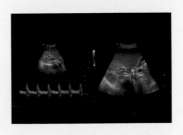

出養

　　小君媽咪才17歲，跟同班同學相戀，不小心下有了我這個愛的結晶。祖父跟祖母陪同小君媽咪來診所檢查，祖父嚷著要小君媽咪終止懷孕。醫師看完超音波後說：「目前小君媽咪懷孕已8週了，胎兒有心跳。」醫師聆聽了小君媽咪跟祖父母的爭論後，又親見小君媽咪堅持要生下我這個小寶貝。於是，醫師緩緩地告訴他們：「生下孩子後，可以家人幫忙撫養，也可以選擇寄養，將來於合宜時機再帶回自己養，可請社福協助尋找寄養家庭。」醫師又說：「生下小孩後，也可透過社會福利機構安排，替孩子另找一個家庭來收養（出養）。當然，生下小孩後，仍可申請經濟補助及資源補助。」祖父母仍是異口同聲地堅持要小君媽咪終止懷孕。醫師最後說：「您們不用匆促做決定。有人看到隔壁剛出生的小孩子，就想起自己的女兒，小時候那可愛、逗趣的模樣。若有甚麼希望幫忙的地方，可以跟我們醫護人員多討論，或請求必要的協助。」接著，小君媽咪跟祖父母靜默地走出了診間。醫生也細心地將我這個小寶貝的超音波照片，一一黏貼在病歷上。

開箱分享

孕產小教室

❶ 談到寄養，就是當孩子的原生家庭有發生重大變故，或是生父母因嚴重疏忽、虐待等因素，暫時不適宜教養子女，而透過了社工人員的協助，提供孩子一個短期、替代性的家庭照顧。此種處置是將孩子暫時安置在政府核可的寄養家庭裡，等問題解決或改善了，孩子就能重回到自己的原來家庭。

❷ 關於出養，則是將孩子永久性地帶離原生家庭，而透過正當的法律程序，轉移其原生父母的親權，往後生父母對孩子的權利義務，也就因此完全停止。

寶貝是哪天受孕？
親子鑑定

　　臨床妊娠期約280天，若月經週期是28天，一般在月經來潮起算14天左右排卵。媽咪對我這個小寶貝的受孕日期有困擾，詢問了醫師。醫師說：「用月經週期來評估受孕日，常是不那麼精準。懷孕初期量測妊娠胚囊大小，以預測胎兒受胎時間，其誤差仍大，不被建議作為受孕日估測的方式。」醫師又說：「文獻報告，測定胎兒頭至臀部之長度，以估測妊娠齡及受孕日為最標準，尤其估測出來是8週又6天，誤差只有加減5天，但超過13週又6天，其準確性就會下降。」醫師最後說：「間隔是相差5天內的性行為，其受孕日期常難正確估測。因此，誰是生父無法肯定時，最終還是要依賴DNA的親子鑑定。」也就是說，小寶貝一定可以找到，那個有真實血緣關係的生父。

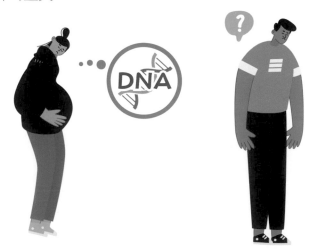

開箱分享
孕產小教室

❶ 所謂妊娠期，是指受孕體在母體內發育的期間。換句話說，妊娠期是卵子與精子結合後，到胎兒自母體娩出的期間。為了方便計算，妊娠期通常是從最後一次月經的第一天算起，大約是280天，也就是40週。由於推算卵子的受精日期，很難絕對準確，實際上真正的分娩日期，也常與預估的預產期，會有1～2週的誤差。所以，臨床將懷孕37～42週之間的妊娠，都稱之為足月妊娠。

❷ 親子鑑定，就是所謂的親子血緣鑑定。它是利用生物學、醫學和遺傳學上的技術，從子代和親代的DNA構造，分析遺傳相似特徵，以判斷父母與子女之間，彼此是否具有血緣的關係。

寶寶的性別

男性的精子與女性的卵子，結合而孕育成胚胎，開啟新生命的萌芽。媽咪自行驗孕呈現陽性反應，詢問醫生何時可看到小寶貝的性別。醫生慢條斯理地說：「精子和卵子在受精後第6天，就可在子宮內著床。受孕後第56天（即妊娠10週），就可從超音波看出胚胎的外形；到了妊娠第12週，有時也可判斷出性別；到了妊娠第4～5個月間，甚至也可看見眼睫毛及頭髮了。」醫師接著又說：「生男生女都好。懷孕如同孕育出土的幼苗，要小心翼翼地注重懷孕過程的生長環境，讓胎兒健健康康地成長。」說一句內心的話，男孩是金，女孩也是金，生女生男都是好。

開箱分享
孕產小教室

❶ 根據醫學研究發現，一般在排卵後的第6週末、或是最後一次月經開始後的第8週，胚胎會長到22～24毫米，此時頭部與軀幹相形之下，頭部顯得較大。接著，手指及腳趾就開始出現，外耳在頭部的兩旁也形成明顯的隆起。

❷ 文獻報告指出，在妊娠的第12週末、或是排卵後的第10週，胚胎就長到了7～9公分，此時的子宮，就可在恥骨聯合上觸摸得到。而且，這時的胎兒手指及腳趾已分化出來，並且具備有指甲，初期的毛髮開始出現了，外陰也開始呈現男性或女性的某些特徵唷！

0～6歲國家養不是夢想
友善生養環境

　　之前，有企業家提出0～6歲國家養。台灣婦產科醫學會於2022年5月8日母親節當天，舉辦了2022台灣少子化研討會，並透過記者會，喚起國人對台灣面臨少子化的危機感。媽咪懷我這個小寶貝是第3胎，她也在猶疑有無能力生養我。醫師笑著說：「台灣少子化已成為國安問題，我們跟韓國是在爭全世界生育率最後的第一、二名。我們政府已經逐步在加強建構一個友善的生養環境，您再生一個不算多。」目前，小寶貝已是媽咪妊娠38週的胎兒，媽咪跟醫師聊起育嬰留職停薪問題，醫師回答說：「根據就業保險法規定，勞工就業保險年資滿1年以上（不限同公司），在小孩滿3歲前，爸爸或媽媽皆可申請留職停薪津貼。另外，育有未滿2歲兒童之育兒津貼，也是可以依照規定申請。」看來，0～6歲國家養已不是夢想。

育兒津貼

留職停薪津貼

❶ 現在，政府主張以孩子為主體，以家庭為中心，提出了「提高育兒津貼」、「增加育兒津貼」等等，以建構一個可兼顧育兒的工作環境，又可促進女性就業，同時也可適度提供育兒家庭經濟支持，作全方位的協助家長育兒方案，營造更友善的生養環境。

❷ 行政院自2021年8月起推動「平價教保續擴大」、「育兒津貼達加倍」及「就學費用再降低」等三大方案。行政院長在2022年7月也表示，自2022年8月起，育兒津貼每月發放額度提高至5000元，以落實「0～6歲國家一起養」的方向。

❸ 為了鼓勵父母，能夠共同陪伴子女的成長，雙親已可以同時、或個別申請育嬰留職停薪，以及請領育嬰留職停薪津貼。另外，政府也調整育嬰留職停薪申請期間，方式可少於6個月，但每次不得少於30日，且以2次為限。這些制度都可讓有短期照顧需求者，可以提前預告雇主後，而能彈性申請運用。

APP即時影像上傳至雲端

小寶貝的模樣
永遠得以流傳

看著超音波畫面上小寶貝的我，健康地揮舞著雙手，讓家人跟我做這麼接近的互動，全家都流露著超溫馨、幸福的感覺。媽咪有些不懂，問了醫師有關APP影像上傳問題。醫師說：「照超音波時，有了APP影像上傳，超音波影像即時儲存雲端，可以自己反覆觀賞，讓小寶貝子宮內的模樣永遠得以流傳。」醫師又說：「尤其那4D影像，胎兒微笑、舞動。父母不必再純靠想像，超音波的影像，就可重疊到活潑的胎兒身上，趣味無窮！」最後醫師又說：「能不斷瀏覽留住在APP雲端的胎兒影像，更能拉近親（父、母）子更親密的距離。價值無限！」

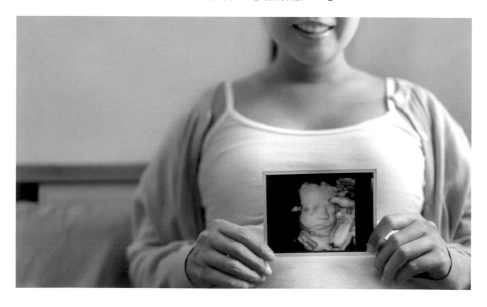

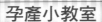

❶ 4D的超音波影像，是一套以秒為單位，而將影像快速儲存，最終經比對、判讀等技術，做成一部生動的影像系統架構。

❷ 4D的超音波影像，是可以透過遙控伺服器的媒介，也可以連上互聯網。也就是說，可讓用戶通過VPN服務器，在互聯網瀏覽器、或遠程桌面連接該應用程式，任何時間都可加以讀取，而隨興觀看唷！

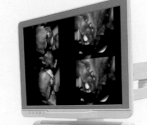

第二篇

懷孕280天

凡是過往，皆為開端
地中海貧血

爹地跟媽咪在婦產科做婚後孕前檢查，知道他們倆都是甲型地中海貧血。經過醫師的講解分析，並指導如何懷胎。很順利地，媽咪兩個月後，終於懷了小寶貝。媽咪在妊娠9週時，在醫師的建議下，安排做絨毛檢查，報告出來是我這個媽咪的小寶貝完全正常。聽醫師說，父母雙方若都是甲型地中海貧血，所懷胎兒有四分之一的機率是水腫胎兒，有二分之一跟爸媽一樣，但仍有四分之一是完全正常。很幸運，小寶貝完全正常，很感謝大家的祝福。

母
（基因攜帶者）

父
（基因攜帶者）

基因攜帶者　　地中海貧血症患兒　　完全正常　　基因攜帶者

開箱分享
孕產小教室

❶ 在東南亞國家中,地中海性貧血是常見的遺傳性疾病。它的紅血球破壞速度快,而且存活日數短,其溶血易發生於骨髓、或脾臟等器官。據醫學研究發現,由於紅血球的破壞增加,因而更刺激造血機制,骨髓細胞就更異常擴充,導致了骨髓容易變形。同時,骨髓外的造血機能異常增加,更易造成肝臟及脾臟的腫大。

地中海貧血

正常血液　　　　地中海貧血

❷ 所謂絨毛取樣術,是在早期妊娠時,就能夠提供基因訊息的診斷工具。其方法是從子宮內的胎盤,採檢一些絨毛組織,以做為遺傳基因的診斷。由於胎兒與胎盤組織,本就源自相同細胞,所以能藉此診斷出胎兒染色體的異常情形,例如地中海性貧血。

揮不去的漸凍兒陰影
脊髓性肌肉萎縮症

我爹地跟媽咪都帶漸凍兒的隱性基因，在懷孕已10週才都被檢查出來。怎麼辦？小寶貝要如何知道是否正常。醫師說：「漸凍兒是脊髓性肌肉萎縮症者，每50人就有一位帶因者，也就是2500對夫妻就可能有一對會生出漸凍兒。」醫師又說：「重度漸凍兒2歲前常因呼吸衰竭死亡。不過夫妻皆是帶因者，並無症狀，有四分之一的機率才會生出漸凍兒。」醫師最後建議媽咪做絨毛檢查或羊水穿刺。於是，爹地跟媽咪選擇讓我這個小寶貝做絨毛檢查，結果小寶貝是跟媽咪、爹地一樣，都只是隱性帶因者，終於抹去了漸凍兒的陰影，可以安心地繼續在子宮內成長。

開箱分享
孕產小教室

❶ 肌肉萎縮性脊髓側索硬化症（簡稱為脊髓性肌肉萎縮症），其中大約有八成的運動神經元疾病，就是俗稱的漸凍人症。文獻報告指出，它的病程可分為兩類，其一是自四肢的肌肉開始萎縮，然後逐漸延伸至軀幹肌肉，進而影響吞嚥及呼吸肌肉；另一則是自吞嚥與呼吸肌肉開始萎縮，再逐漸擴散至四肢的肌肉，這一類的患者，對其未來的生活品質影響甚大。

❷ 羊膜穿刺術，是利用抽取子宮內的羊水，以分析胎兒的染色體基因。其檢查的項目中，最常見的疾病就是唐氏症。另外，亦可做羊水的甲型胎兒蛋白之定量分析，而預測胎兒是否有神經管系統的缺陷，如脊柱裂等先天缺失。除此之外，某些單一基因異常所造成的疾病，也可藉此得到診斷，例如脊髓性肌肉萎縮症、地中海性貧血等。

脆折症

脆折症機率知多少？

　　媽咪問醫生是否一定要抽血檢查X染色體脆折症？醫師回答說 ：「脆折症發生率僅次於唐氏症，是遺傳性智能障礙疾病的第二大主因。」醫師又說：「脆折症的孩兒，其母親是無症狀的帶因者比率高達20％以上。」媽咪又問：「假如我是帶因者，那下一步要怎麼辦？」醫師回答說：「若您這胎懷的是男孩，那男孩有50％會得脆折症；若這胎是女的，父親是正常，那妳的女兒50％是帶因者。」醫師接著又說：「假如母親是帶因者，懷孕時可做絨毛檢查或羊水穿刺，確定胎兒有無脆折症的可能。」最後，醫師說：「脆折症血液檢查結果，醫師會再評估其影響的遺傳機率有多少。」

開箱分享
孕產小教室

❶ X染色體脆折症，就是患者的X染色體長臂末端出現了斷裂而致病。因為X染色體長臂上的FMR1基因發生異常，而出現CGG的重複次數不正常增加，在到達一定程度時，就會出現X染色體脆折症的症狀。此種病患，其本身的行為、認知、外觀及神經系統，都會受影響。

行為、認知、
及神經系統受影響

❷ 關於X染色體脆折症的篩檢，其實只需要抽取3～5cc的孕婦血液，就可以進行檢測了。當然，若要確定胎兒有無脆折症的可能時，就在進行羊膜穿刺檢查的當下，再多抽取約15cc的羊水，即可加做FMR1基因的檢查。因為遺傳基因是與生俱來的，每個人一生只需檢查一次，即使再度懷孕，也不需要重複檢查了。

文明帶來更精準醫學NIPT
非侵入性
胎兒染色體檢測

我這個小寶貝的媽咪是25歲。爹地問醫師，媽咪需要做NIPT（包括片段基因檢查）嗎？醫師說：「就唐氏症兒而言，國內80%是34歲以下母親所生，NIPT是目前非侵入性檢查最精準的，準確率高達99%以上。至於染色體缺失或重複的發生率與年齡無關，與高齡產婦比率差不多。」醫師又說：「例如本院Q寶38合一檢查，藉由這非侵入性胎兒染色體檢測，除了傳統的染色體檢查外，染色體缺失或重複可能引起的心血管系統異常、精神疾病等等相關症候的疾病，就有些可藉此檢查出原因。」爹地跟媽咪再問醫師何時可做NIPT，醫師說妊娠第10週以上就可以考慮了。

NIPT基因檢測

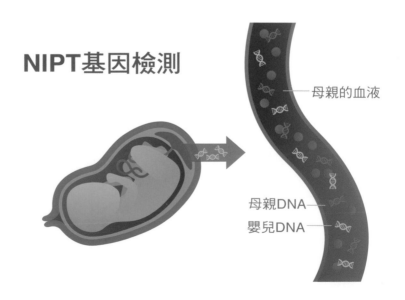

母親的血液

母親DNA
嬰兒DNA

開箱分享

孕產小教室

❶ 我們常談到的所謂NIPT，即是非侵入性胎兒染色體檢測（Non-Invasive Prenatal Testing）。它是一種最近幾年來，才被發展出來的產檢新技術。因為當妊娠第10週後，胎盤開始發展成熟，也開始有代謝的機制，而會有一些比率的胎兒細胞流至母親的血液中，所以透過抽取母血，就可以檢測胎兒的染色體與基因有無異常了。

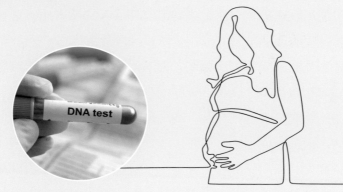

❷ 不過，經由NIPT所獲取的胎兒染色體較少，因此也只能針對染色體數目異常做篩檢，而不能偵測出寶寶染色體本身有無破損、傷害等。NIPT能檢測出唐氏症、愛德華氏症、巴陶氏症等，其準確度高達99%。因為NIPT篩檢只是傳達「罹病風險」的高低，所以若檢測結果顯示胎兒是高風險群，還是建議要再做羊膜穿刺，才能作為確診的依據。

孕期國外旅遊需知
跨越國界的病毒感染症

　　小寶貝在子宮內懷孕16週時，媽咪跟我從中非，帶著驚悚的心情，3天前才安全返回國門。因為媽咪皮膚有些紅疹，所以急著到醫院看診。醫生看了腹中的胎兒及腹部紅疹後，問及媽咪為何腹壁有那麼多傷口。媽咪說：「在剛懷孕的時候，因我個人的因素，發生了槍戰。那時，可說子彈是在地上飛，躺著也會中槍，我屁股也有多處中彈。」醫師說：「那您的孩子命大，也救了您。我國陸續有旅遊東南亞境外移入的茲卡病毒感染患者。茲卡病毒基因型有亞洲型及非洲型，所以國際旅遊者，皮膚有紅疹時，就要留意是否為此種病毒的感染。」醫師接著說：「茲卡病毒感染，發病症狀主要有輕微發燒、紅疹、手腳的小關節疼痛、結膜炎等等。此種病毒可藉由病媒的叮咬、性行為，或母嬰的垂直感染而傳播。假如性伴侶有茲卡病毒感染症流行區之旅遊史，媽咪在懷孕期間與其發生性行為，性伴侶就要全程使用保險套。由於孕婦感染茲卡病毒，可能導致死胎，或產下小頭畸形兒。因此，希望每隔4週，都能用超音波評估胎兒的成長情形。」最後醫師說：「我們現在正面臨新冠肺炎疫情肆虐中，但英、美、中非、韓、新加坡，及其他世界多國，又陸續有猴痘病例的報告。感染猴痘的孕婦，也是會出現疹子等症狀，並易造成重症病情，又可經由母親垂直傳染給胎兒，不可不慎！」

開箱分享
孕產小教室
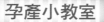

❶ 茲卡病毒感染症，它是由埃及斑蚊叮咬傳播的傳染病。根據醫學報告，茲卡病毒會經由孕婦垂直傳染給子宮內的胎兒，而造成胎兒小腦症。甚至，也有20%受到茲卡病毒感染的新生兒，其外表雖是正常，但是腦部卻有神經缺陷。因此，懷孕期間還是不要前往疫區，若必須前往，宜做好防蚊措施。如果是從疫區回國，也應自主健康管理至少2星期，若有出現疑似症狀，應儘速就醫唷！

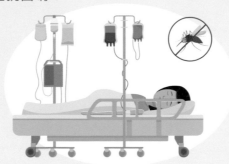

❷ 猴痘是一種人畜共通傳染病，其傳播對象，據報告是較有侷限性。換句話説，猴痘病例多半是與患者有親密的接觸、或是照護患者的人員。返國的民眾，如有出現發燒，皮膚出現紅疹、水泡、丘疹或膿疱等症狀，就應儘速就醫，並主動告知旅遊史及接觸史。

兩度羊穿的回顧
羊膜穿刺

　　這位母親，具有厚德載物的嫻淑。年過三十又七時懷了第二胎，大女兒正值4歲活潑好動期，妊娠第17週時去北市做了羊水穿刺。做了羊穿後隔3天，突破水、腹劇痛，至診間時已子宮頸全開，早產了。此時，那不懂事的大女兒蹦蹦跳跳，父親連這個大女兒，都感覺應付不來。隔年，這位媽媽又懷孕了，仍堅持要做羊穿。醫師看著伴隨而來的大女兒，已5歲了，比去年靜默，貼心地陪著媽媽。醫師鼓勵著：「雖然羊水穿刺術是侵入性，文獻報告指出導致發炎、早產的機會是1‰～4‰，但小心照顧或休息是可避免的。」在先生溫馨用心的照顧下，大女兒也溫馴地陪伴每次產檢，媽媽在足月時為她產下健康的弟弟。

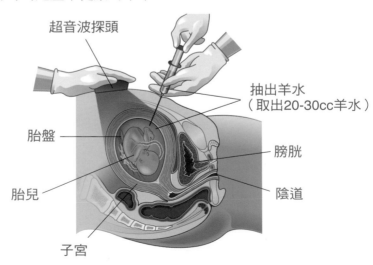

超音波探頭

抽出羊水
（取出20-30cc羊水）

胎盤

膀胱

胎兒

陰道

子宮

開箱分享
孕產小教室

❶ 羊膜穿刺，就是從子宮內抽取20～30cc羊水後，再做羊水中胎兒細胞的染色體分析，準確率高達99%以上。實施羊膜穿刺術，由於16週前的羊水量還太少，所以最好的時機是在妊娠第16～20週。但是，若選擇20週後才檢查，因為等待報告的時間，也需要2週以上，當檢查後發現胎兒有重大染色體異常，而須終止妊娠時，其對孕婦的傷害性會較大。

❷ 有關羊膜穿刺術的檢查項目，包括了唐氏症、愛德華氏症、巴陶氏症等重要的疾病。其他如海洋性貧血、X染色體脆折症、脊髓性肌肉萎縮症等，也可另外增加檢測，以獲得診斷。為了鼓勵孕媽咪做篩檢，政府同意補助34歲以上孕婦，其羊膜穿刺檢查的部分費用。

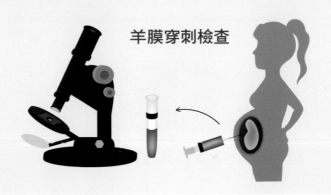

羊膜穿刺檢查

如小草初萌，用心培栽
X光照射

　　媽咪身體不適，到醫院急診室做了一張胸部X光檢查，及服用一些藥物。後來，因害喜而被診斷出有身孕了。媽咪跟小寶貝，都很害怕X光照射及服藥會造成畸形。醫師說：「懷孕第4週，也就是受孕14天後，正邁入胚胎器官發育的關鍵期，若服用FDA（美國食品藥物管理署）分級的D級或X級藥物，或暴露至5雷得的X光輻射劑量，可能致畸胎。」接著又說：「即使一張腹部X光照射，也才0.1雷得輻射劑量，何況胸部X光照射，其輻射劑量更低，影響胎兒的機率極微。」最後又說：「但是，一次腹部CT電腦斷層檢查，會有3.5雷得的輻射量，就可能會致畸胎。不過，若是懷孕中，有接受MRI核磁共振檢查，並不會影響胎兒。」所幸，媽咪只做一張胸部X光照射，服用的藥物也都屬B級，醫生說不用擔心。

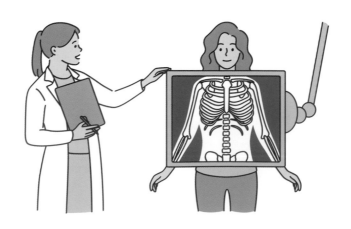

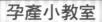

開箱分享
孕產小教室

❶ 婦女如果沒有避孕，但非做X光檢查不可時，最好避免在排卵期之後進行，而且要用鉛板遮蔽腹部。小劑量的X光輻射傷害，身體細胞會有修復的能力，但是不同的細胞、組織，仍是各有不同的承受力。生長快速的組織細胞，其對輻射線較敏感，也較易遭受到X光輻射的傷害，例如水晶體、生殖細胞等。

❷ 胎兒到底能接受多少X光的輻射劑量呢？依研究報告，在妊娠期，胎兒吸收的輻射劑量超過5雷得時，就可能會致畸胎傷害。孕媽咪若接受一張腹部X光照射，胎兒吸收的輻射劑量約0.1雷得；若接受一張胸部X光的照射，胎兒吸收的輻射劑量又更低，因此，孕媽咪只接受一張胸部X光檢查，實在不要太憂慮。

不是菟絲花，而是美麗芬芳的茉莉花
子癇前症風險評估

　　大家都知道，菟絲花為了自己的成長，而犧牲了施育於它的對方。相反的，茉莉（莫離）花，它代表著我這個小寶貝要跟媽咪終生不離，小寶貝要成為人人誇的寶貝。懷孕的母親，由於胎盤的存在，胎盤絨毛激素會誘發妊娠高血壓，就成為母親健康的威脅。產檢醫師說：「目前可透過抽血做早期子癇前症風險評估，早期發現高風險的媽咪，早期服用低劑量阿斯匹靈，可預防胎兒因高血壓致影響胎盤功能的生長遲緩情形，又可預防大約七成左右妊娠高血壓的發生，也可預防大約九成重度子癇前症。」醫師也說：「子癇前症（有高血壓、蛋白尿、水腫）孕婦有時會視力模糊（眼底有時會出血）、頭痛、痙攣、驚厥、肝功能異常，甚至發生溶血現象等等，不可不慎。」小寶貝不願做菟絲花，因它會傷害媽咪。小寶貝要做美麗芬芳，人人喜歡，人人誇的茉莉花。爹地，您要讓媽咪做子癇前症風險評估檢查唷！

高血壓　　　　　子癇前症　　　　　水腫

開箱分享

孕產小教室

❶ 子癇前症，又被稱為妊娠毒血症。臨床症狀包括有高血壓、蛋白尿、水腫，是與懷孕高血壓有關的產科疾病。它好發於妊娠20週以後的孕婦，可能會造成母親的腎臟、肝臟、眼睛，甚至腦部的傷害。其對胎兒也會產生傷害，可能造成早產、產出低體重兒、及胎死腹中等併發症。更嚴重時，有的演變成具有致命風險的子癇症，造成痙攣、肝功能異常、發生溶血現象等，甚至導致孕婦昏迷、死亡。

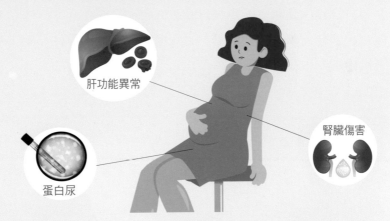

肝功能異常

腎臟傷害

蛋白尿

❷ 子癇前症的預防，可在妊娠第34或第36週以前，服用低劑量的阿斯匹林，以降低罹病機率。另外，良好的體重與飲食控制，及做好產前檢查等等，這對確保孕媽咪與胎兒的健康，都有很大的助益。

用優美的姿勢安住媽咪子宮
黃體素不足

　　小寶貝就是在媽咪的輸卵管壺部，經父母精、卵相遇而受精成形的。因為媽咪有兩次流產史，經檢查有黃體素不足情形，所以在醫師幫媽咪做完人工受孕後第3天，就開始使用黃體素，幫助我能在舒適的子宮內著床。小寶貝在妊娠第24週時，醫師發現媽咪子宮頸長度是2.4公分，也有宮縮現象，給了媽咪抑制子宮收縮的安胎藥，但因媽咪心跳太快不能負荷。後來，醫師又改用另一種原可治療高血壓，也被用來安胎，但媽咪服用後劇烈頭痛、眩暈，只好停掉此藥。所幸，醫師減低會加快媽咪心率的安胎藥劑量，再輔以小黃球（原來是黃體素）的服用。現在，媽咪好多了，小寶貝可無憂無慮地安住在媽咪子宮裡。

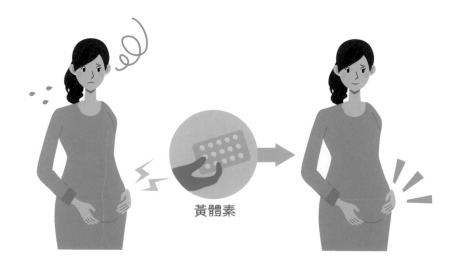

黃體素

開箱分享
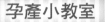
孕產小教室

1 安胎就是為了要讓胎兒能持續待在子宮內，直到胎兒肺部發育成熟，可以在外部的環境中生存。妊娠第37週以前，若有出現陰道出血、腹痛、頻繁宮縮等情形，孕媽咪最好能多休息，並接受安胎治療。

2 孕媽咪若有早產徵兆，除了多在家臥床休養外，還要避免經常到處走動。在懷孕第37週以前，如有妊娠高血壓、妊娠子癇前症、妊娠糖尿病，或子宮頸過短等，易併發早產現象，必要時宜接受安胎。

爸爸陪媽咪產檢

爸爸陪媽咪產檢,是爹地行事曆上的必要行程。醫師輕慢地滑動4D探頭,子宮內小寶貝的我,露出那羞澀的一抹微笑,原來生命的初始,會那麼令人感動。頓時,爹地跟媽咪出奇地靜視著螢幕。醫師的腦海浮現一幅情景:「我思,那小倆口已進入跟小寶貝甜蜜的互動歡樂中。」醫師又叮嚀:「懷孕中儘量不要有性生活,非不得已,也只能輕緩淺柔,避免早產。」最後醫生又鼓勵爸爸說:「能陪太太產檢,是愛情的最高享受。告訴您一個秘密,親密關係也可以是陪產檢來呈現,一種關懷、溫馨、喜悅的分享,實已勝過了一切。」胎中小寶貝其實也不好意思地表示了,爸爸、媽媽您們辛苦,大家一齊加油,我會努力成長的。

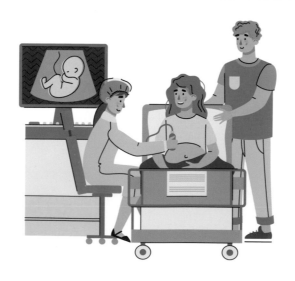

開箱分享

孕產小教室

　　產檢的超音波，可分成2D、3D、4D及高層次，各有不同特色與功能：

　　2D超音波：就是所謂的傳統超音波檢查，或稱Level I超音波檢查。它呈現的是平面影像，檢查項目包括胎心率、胎位、頭圍、腹圍、大腿骨長、體重、羊水量及胎盤位置、嘴唇、性別等，是一般檢查胎兒有無異常的工具。

　　3D超音波：呈現的是立體影像，如胎兒有無外觀異常，3D超音波有時可輔助2D超音波，使之更容易辨識及觀察。

　　4D超音波：呈現的是動態立體影像，即連續性的3D畫面。因此，舉凡小寶貝的吞嚥動作、吸吮手指、甚至那一抹微笑，都可在超音波畫面呈現無遺，還可錄製成光碟，作為永久的珍藏。

　　高層次超音波：就是所謂的Level II超音波檢查。它是以傳統的2D超音波，用來詳細地做胎兒細部（包括腦部、心臟、腎臟、骨骼等）的構造檢查。高層次超音波檢查，一般安排在妊娠第20～22週進行，主要是因為這時胎兒的頭蓋骨、胸肋骨尚未鈣化完全，超音波的穿透性能較佳，且胎兒的活動空間大，較易偵測胎兒有無細部結構的異常。

揭開小寶貝神秘面紗
巧能的超音波

　　我這個小寶貝在受孕後第17天，媽咪因腹痛併落紅，到婦產科求診。醫師因為用腹部超音波掃描找不到小寶貝，所以選擇用陰道超音波，終於在子宮內找到了我，而排除了子宮外孕的驚恐。妊娠16週時，醫師用腹部超音波看BB的腦部發育、量測我的大腿骨長度、看我住的子宮之羊水量、胎盤著床情形，以及小寶貝的體重，同時也說小寶貝是公仔（我們越南話，是男生）。21週時，我被安排做高層次超音波，醫師仔細檢查我的腦部、心臟、腎臟、四肢等器官有無異常。到了28週，小寶貝在4D的影像中，簡直有夠帥，我俏皮地跟爹地和媽咪微笑。36週時，媽咪有妊娠高血壓，醫師使用彩色都卜勒超音波，觀測我的臍帶血管阻力，評估胎盤功能。進入足月階段，醫師從腹部超音波看著我的呼吸，並量測我住的子宮之羊水量（要量四象限唷）。就這樣，BB在子宮內，透過超音波讓爹地及媽咪知道我的健康。

280天呀，我這個小寶貝也真按時出生。

說也奇怪，我出生時不停地哭，等到護士阿姨把我抱置在媽咪胸前，小寶貝才安靜下來，沉醉在媽咪噗通噗通的心跳聲中，不想離開。我在嬰兒室待了5天，小寶貝的腦超、腎超檢查都正常，今天帶著興奮的心情，陪喜悅的爸媽回到甜蜜的老家。

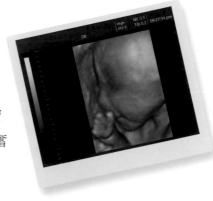

❶有關都卜勒超音波本身的物理學原理，就是利用一個物體朝向著一個目標運動時，它的頻率會變高；反之則頻率會變低。將之應用於臨床流動血液的血管，以測定它的血流速度、方向及不正常逆流、阻力等情形。例如心臟及血管等的血流，都可經由此檢查來測定它是否遭阻斷、是否有異常等等。

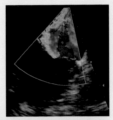

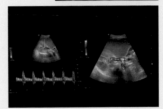

❷至於新式的彩色都卜勒超音波，更是利用電腦的程式化，而產生彩色電腦波形與圖形，不但更省時，更可精確地診斷心臟、血管等疾病。現代的產科學，也廣泛用它來測量

胎兒臍帶血流及血管阻力，評估其胎盤功能，以了解胎兒的健康狀況，更利用呈現的心臟血流波形，以診斷胎兒有無心臟畸形、心律不整等先天異常疾病。

害喜

　　媽咪年紀較小，從南越到台灣還不到3個月，還好爸媽在越南已認識好一段時間，爹地深愛著媽咪。畢竟媽咪懷小寶貝也受了不少苦，尤其是害喜，常害媽咪沒胃口。所幸，醫師會教爹地如何選用飲食，幫媽咪度過了懷孕初期的許多不適。說實在，這也都要感謝爹地，爹地一直深愛著常冒失拒食的媽咪，也想盡辦法讓媽咪跟小寶貝有足夠的營養。爹地會用心地請教藥局的藥師阿姨，總希望小寶貝贏在起跑點上，有足夠的營養素來增進媽咪跟我的健康。藥師阿姨既專業又細心，都讓爹地背熟了一口訣：懷孕每日維他命D_3要600（IU），葉酸800（微克），鈣質要1200（毫克），營養真的不能少。

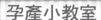

　　談到害喜，主要是因為在懷孕初期，孕媽咪體內的絨毛膜與雌激素急遽增加，刺激到中樞神經系統，使得孕婦的消化道功能，暫時受到了影響。另外，孕媽咪的心理上受到壓力，而致誘發情緒反應，或者身體的過度疲憊，這些都容易產生妊娠嘔吐現象。以下幾種方法可幫助緩解害喜的症狀：

　　1.可以適當地在飯後補充維他命B6。

　　2.餐後盡量多走動，不要馬上躺下休息。

　　3.進食宜採「少量多餐」方式，盡量避免易漲氣的精緻性澱粉類、易刺激胃腸的辛辣物、不容易消化的油膩品，及易致嘔吐的流質性食物，並要減少容易引起胃酸分泌的甜食。

　　4.保持愉快的心情，避免精神過度緊繃。

　　5.可適當地服用制酸劑，以防止胃酸過度分泌。

　　6.睡覺時，將枕頭墊高，以避免胃酸逆流。

那醫師的輕柔，林林總總皆入心

晨吐

媽咪為了等產檢醫師看診，在候診室等了許久。女醫師扶著媽咪上超音波台，頓時，媽咪覺得自己不再是那麼單薄、孤煩了。醫師輕柔的問語，關懷媽咪的每一椿不適，那林林總總皆教人入心。媽咪從懷孕第6週就開始晨吐，現在第11週了，仍不時有噁心、腹脹的問題。醫師安慰地說：「我自己懷孕時也晨吐、想吐，到第16週才緩解。的確，這樣的不適，真的不好受。我都會準備非油炸的薄片蘇打餅，小片咀嚼入口，會讓我舒服點。」醫師溫柔的關懷，讓我很暖心。

開箱分享
孕產小教室

注意以下幾個生活小細節，可以幫助您緩解孕期晨吐：

1.避免聞到刺激的味道：懷孕時，若聞到刺激的味道，易有噁心感，譬如濃郁的精油味。

2.足夠的睡眠與休息：睡眠不足與疲勞，都會加重孕媽咪的孕吐現象。

3.適當的活動：不喜歡活動，就易便祕，甚或加重孕吐，所以身體要有適當的活動。

4.減少壓迫子宮：過度彎腰及飯後馬上躺平，都容易讓孕媽咪引起嘔吐。

5.擁有愉悅的情緒：心情好，減少精神壓力，孕吐的狀況會較緩解。

保持愉悅
的情緒

適當的
活動

足夠的
睡眠與休息

生命的攀爬，營養補充按步來
懷孕營養

　　古老的《易經》教育我們，需要是要等待的。胎兒要生長，需要補充營養，但也要按部就班來。醫師說：「懷孕前16週，為胎兒神經管發育正常，補充第四代活性葉酸是需要的。到了懷孕第20週後或哺乳，為了促進胎兒大腦（智力）及視力的發育，媽咪每日補充200毫克的DHA營養素，也是相當重要。」醫師也說：「母親貧血會影響胎兒的發育及早產，也會影響媽咪的免疫力及產後出血。懷孕前6個月最好能每日攝取鐵質15毫克，懷孕第6個月後或哺乳，每日鐵攝取量應提高到45毫克，這樣才不致有害母胎的健康。」醫師又說：「懷孕期間營養的補充儘量從食物獲取，當然可適當補充一些營養素或礦物質。」所以，營養素的補充，隨著胎兒生命的漸層，需要等待在適當的階段，做適度的供給。

開箱分享
孕產小教室

懷孕初期（1～13週）：也就是第一孕期，是胎兒發育的重要階段。此時期胎兒需要補充足量的蛋白質、礦物質及維他命等營養。孕媽咪此時需要注意葉酸、鐵質、維他命B群等營養的攝取，除了能預防貧血的發生，還可幫助胎兒神經系統的發育。

懷孕中期（14～27週）：也就是第二孕期，此時期胎兒的器官正在持續發育形成。這時期要攝取足夠的鐵質，以避免孕婦出現貧血現象。另外，要補充足量的維他命B群營養素，以幫助母體及胎兒的紅血球形成。當然，足量的鈣質及維他命D_3可幫助胎兒的骨骼發育，並可避免孕媽咪的腿部痙攣，也不能忽略。

懷孕後期（28～39週）：也就是第三孕期，這階段是胎兒體重迅速上升的時期。孕婦此時應攝取足量的鈣質及維他命D_3，以提供胎兒各部骨骼的成長所需，還應補充足夠的鐵質、鋅、銅及維他命B_6、B_{12}等營養素，以幫助胎兒能得到健康的發育。此外，也不要忘記補充DHA，它可以促進胎兒腦部及視力的發育，又可預防媽咪發生產後憂鬱症唷！

再談孕期藥物使用
懷孕用藥要謹慎

　　孕期母親會擔憂吃藥對小寶貝的影響，醫師也是這麼說：「FDA（美國食品藥物管理署）規定，除了A、B級和大部分的C級藥對胎兒應該無影響，D級藥已確認會造成胎兒異常，只有在必要時，才可服用。當然，X級是絕對要避免使用的藥物。」這樣，媽咪因自身的疾病，如甲狀腺亢進，就完全不可服用像D級的藥物嗎？醫師又說：「當然，即使媽咪無服用任何藥物，足月新生兒畸形率仍有2%。媽咪服用經產科醫師審慎評估後開立的藥物，仍感覺忐忑不安，那是不必要的。一些疾病未治療控制，反而會造成母胎更嚴重的危險。」醫師用藥固要審慎，媽咪也不必有拒服任何藥物的偏見，遵循醫囑才是最好的選擇。

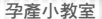

開箱分享
孕產小教室

　　孕媽咪服用的藥物，可經由母親的血液循環，透過胎盤的傳遞，到達胎兒的血液中。根據臨床研究報告，這些藥物，在各孕期會造成胎兒的不同影響：

　　著床前期：即受精之後的2週內，胚胎組織尚未生成。假如藥物有影響胎兒，那就會使胚胎死亡；假如藥物沒有影響胎兒，一般不會對胎兒的健康有太大影響。

　　胚胎期：即受精後的2～8週，也就是妊娠第4～10週。在這個時期，胎兒的中樞神經、心臟、眼睛、耳朵及四肢等器官，都已開始形成。此階段，胎兒較可能受到藥物的影響，進而造成缺陷，是用藥致畸關鍵期。

　　胎兒期：懷孕3個月至生產前的階段，胎兒的各部器官已發育完成。孕媽咪在此時期服用藥物，對胎兒的器官發育影響不大，但是仍可能會有其他方面的傷害，例如影響神經系統的發育。

吞雲酒樽只能成追憶
菸、酒與咖啡

　　產檢記錄上都會註明有無抽菸史，可見醫學很重視這點。的確，我這個媽咪的小寶貝也是會擔憂，深怕受到菸害的影響。因為，媽咪一向很開朗，總是笑臉迎人。但是，媽咪能喝酒，也抽菸。產檢醫師聊天式的跟媽咪說著：「抽菸會造成胎兒子宮內的生長遲滯和早產。有些報告說會增加嬰兒猝死症的機率。所以，現在開始不宜再抽菸或接觸二手菸唷。」媽咪又問可否喝酒？醫師回答說：「目前，酒精對懷孕的安全量仍未確定。但是，有醫學報告指出，懷孕喝酒過量可能致胎兒酒精症候群，亦有可能造成嬰兒智力發展障礙，也有可能造成胎兒的眼睛、顏面、和骨骼在發育上的各種異常，真的不可不慎。」媽咪又追著問：「那麼，我可以喝咖啡嗎？」醫師回答：「依據各種文獻報告，咖啡因並無有意義的致畸胎性。但是，攝取過量的咖啡因，可能會造成子宮內生長遲滯性胎兒。如有強烈慾望，建議保守飲用，一天一杯黑咖啡就好。」

❶ 根據研究，孕期攝取過多咖啡因可能造成胎兒低體重、躁動不安、低智能等風險。根據美國婦產科醫學會的報告，孕婦對咖啡因的容許量為每日200毫克，加拿大則容許每日300毫克，這大概相當於星巴克黑咖啡兩個馬克杯的量。

❷ 在懷孕期間適量攝取咖啡因是被允許的。孕媽咪若孕前有喝咖啡的習慣，可以不須在孕期戒除喝咖啡，懷孕後每天呡上幾口香醇咖啡，能幫助維持好心情唷！

醫師勸媽咪少吃玉荷包

葡萄糖耐糖試驗

　　媽咪特別喜歡大啖玉荷包，在懷孕24週時，體重比懷孕前就增加了12公斤。醫師曾說整個孕期體重增加最好是12～15公斤左右，媽咪增加的體重顯然是超過。另外，75公克口服葡萄糖耐糖試驗中，媽咪的空腹血糖值就92mg/dl。於是，醫師勸媽咪要控制飲食。醫師說：「若適當的飲食無法控制好血糖值，當飯後2小時仍高達160mg/dl以上，就需要用胰島素控制了。」最後醫師說：「妊娠糖尿病易造成胎兒巨嬰症、新生兒低血糖等現象，母親易有子癇前症等併發症。」所以，醫師勸媽咪少吃升糖指數高的食物。

開箱分享

孕產小教室

❶ **口服葡萄糖耐糖試驗（OGTT）**：在孕婦喝75公克的葡萄糖水之前，先抽取血液，以確定空腹血糖值，喝完葡萄糖水後第1、第2小時再各抽一次血。如果在這3次的血糖值中，有1次血糖值超過標準，就會被診斷為妊娠糖尿病。

❷ **升糖指數（GI值）**：指血糖的上升幅度。當食物的GI值愈低，表示食物在消化後，愈不容易造成血糖上升；反之，則是愈容易造成血糖上升。欲減重的人，可採用升糖指數低的飲食，讓血糖的波動幅度不會太大，也比較不會一直想要吃東西。芭樂、蘋果、奇異果、優格、牛奶、大燕麥、蔬菜等都屬於升糖指數低的食物；相反的，玉荷包（即荔枝）、西瓜、甘蔗、香蕉等屬於升糖指數高的食物。

媽咪皮膚癢到睡不著
孕期皮膚癢

　　爹地問醫師說，是不是因為胎中小寶貝是個男孩，所以媽咪肚皮冒出紅疹發癢？醫師慢條斯理地診視著媽咪肚皮紅疹，然後告訴爹地說：「懷孕時避免穿著化纖材質的衣服，以免影響皮膚健康。」超音波檢查完小寶貝健康發育情形後，醫師又笑著叮嚀爹地跟媽咪說：「我會開藥膏給媽咪使用。」接著又說：「懷孕要穿著純棉材質，透氣合適的衣服，這樣不但可改善血液循環、減少胃部壓迫、減輕皮疹及搔癢。另外，要避免穿著緊身衣物，以免影響胎兒發育。」爹地向醫生說謝謝，原來懷孕也要注意穿著。

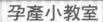

❶ 有文獻報告指出,在懷孕期間,大約有20%的孕媽咪會出現皮膚癢的問題。因為孕婦體內荷爾蒙變化,雌激素的分泌量變多,導致膽鹽代謝不良,在體內淤積,同時也由於前列腺素的濃度增加,所以孕媽咪的搔癢耐受度就減退,這種情形稱為妊娠搔癢症。

❷ 假如孕婦出現輕微的搔癢情形,可以塗抹嬰兒油或保濕乳液加以改善。若已出現疹子,那就必須用藥物來治療。大多數的癢疹,發生於懷孕中後期,因為胎兒這時處於較穩定的階段,使用類固醇藥膏或抗組織胺藥膏,不會對胎兒造成很大影響,所以孕媽咪可以安心接受治療。

我不會跟毛哥哥爭寵
寵物

聽說，爹地跟媽咪是在新莊運動公園初次認識。原來，媽咪帶著毛哥哥遊逛到景觀湖，媽咪為了拉住毛哥哥的一個暴奔，幸虧爹地眼明手快地扶接著，否則差一點媽咪就會滑進湖裡。轉眼間，媽咪就有了我這個小寶貝。產檢時，媽咪問及是否能繼續親養著毛哥哥。醫師說：「孕期養寵物並非不可，但是居家環境衛生的清理很重要。」接著又說：「很多人擔憂寵物帶來弓漿蟲的感染，其實最多的感染途徑是生食或接觸有弓漿蟲卵囊的泥土。」現在，爹地跟媽咪就暫時沒帶毛哥哥到野外閒逛了，以減少戶外泥土帶進我們居家。醫師又提醒爹地跟媽咪：「不過，懷孕初期還是要檢查TORCH唷。」醫師心中有毛哥哥，醫師心中也有我，我這個小寶貝當然就安心了。而且，因為毛哥哥在新莊運動公園觀景湖的暴奔，才牽起爹地跟媽咪的好姻緣。所以說，毛哥哥還是跟媽咪住在一起，我一點也不會跟毛哥哥爭寵。

開箱分享
孕產小教室

❶弓漿蟲是一種單細胞的寄生蟲，幾乎能感染所有的恆溫動物。它只有在貓科的動物體內，才能產生具有傳染性的蟲卵。貓咪在吃了被弓漿蟲感染的野味、或生肉後，

弓漿蟲

就可能被感染。根據文獻報告指出，在貓咪被感染的3～10天後，蟲卵開始從貓咪的糞便排出，且持續10～14天左右。

❷準備懷孕前3個月，最好事先做孕前檢查，假如發現有感染弓漿蟲，以治療痊癒後再行懷孕較為妥適。據醫學研究報告，若懷孕前感染過弓漿蟲病，而且已經治癒，那就不會傳染給胎兒。但是，如果懷孕前未曾感染過弓漿蟲病，又無有效可施打之疫苗，一旦感染就可能會傳染給胎兒。

❸另外要再提醒，孕婦家裡一定要做好寵物護理。平時要勤給寵物洗澡，注意清洗寵物的趾甲和眼耳，更要為寵物定期注射疫苗，以及驅除其體內外的寄生蟲。

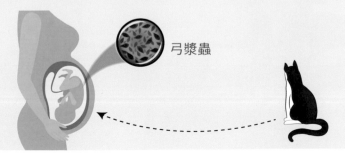

弓漿蟲

懷孕的交通工具

我家中有三個哥哥，大哥4歲，二哥3歲，三哥2歲，爹地希望有一個女兒。我們家沒有轎車，但有摩托車及一輛兩輪拖車。我在產檢期間，爹地會讓媽咪跟三個哥哥坐著兩輪式拖車，然後爹地拖著我們去產檢。有一次，醫師突然關心我們路上的安全。原來，我們的拖車暫放診所門口，很是耀眼。護士阿姨有時會因要舒暢車道，提醒爹地暫時移動一下。但是，我們也都一直很順利地去產檢。記得醫師曾告訴媽咪：「我會儘量約您白天來產檢，晚上有些路段較暗，路況比較不安全。」又叮嚀說：「晚上大家儘量不穿著黑衣，有時司機開車會因死角，無法看清楚您們一家人。」醫師會擔心我們，但他又說：「我真羨慕您們一家人都在一起。」說起來，我這個爹地的小妞也感覺很幸福。

開箱分享

孕產小教室

❶ 懷孕可以騎機車嗎？在懷孕初期或後期，建議最好不要騎機車。即使是在妊娠中期，胎況比較穩定，也不要騎太遠。騎機車前，務必要再衡量當下的身體狀況，並避免在凹凸不平、濕滑的路面上騎行。最重要的一句叮嚀，就是要慢慢騎唷！

❷ **新北市產檢好孕專車車資補助：** 新北市民可在分娩前提出申請好孕專車車資補助，經審核通過後，孕媽咪就可取得好孕專車E化電子乘車券。孕媽咪在搭乘前，先下載「我的新北市APP」，點選「好孕專車」，即可搭乘指定車隊往返產檢醫療院所。每趟次補貼最高200元，最多得補貼28趟次，每次懷孕以申請1次為限。

詳情可上網：service.ntpc.gov.tw/eservice/CaseData.action?itemId=110071

媽咪7天沒便便了
孕期便祕

說起來，媽咪不喜歡吃精製飲食，也食用很多纖維蔬菜，但是仍常便祕，便便多日不解成了媽咪孕期中最大的困擾。醫師有開軟便劑給媽咪，但醫師又強調要適當運動，藉以增加腸蠕動，促進排便。的確，媽咪是坐辦公室的上班族，工作輕鬆離家近，上下班爹地接送，上下樓乘電梯，每日運動量少得很。醫師說：「看自己的懷孕狀況做適當運動，可讓身體舒暢，保持肌力，對妊娠高血壓及糖尿病有很好的預防效果。」說著說著，醫師教媽咪做胸肌伸展運動，媽咪雙手輕放脖子後，雙肘先向前，接著向左右伸展，做了2分鐘。媽咪稱讚醫師說：「真的太棒了，讓身體變得非常舒暢快活。」

開箱分享

孕產小教室

預防孕期便祕，孕媽咪可參訪衛生福利部國民健康署的孕產婦關懷網站，也可以這樣做：

1.攝取充足的水分：每天至少飲用2000cc，水分能幫助排便。

2.多攝取麥麩纖維：多攝取糙米等全穀類澱粉，有助於改善孕期便祕。

3.紓解生活壓力：生活緊繃，腸蠕動就會減緩。保持愉悅的心情，對懷孕便祕的改善，很有幫助唷！

4.適度的運動：可刺激腸道的蠕動，而幫助消化，改善懷孕的便祕。

5.定時排便：養成每天定時排便的習慣，生理時間到了，自然能順暢排便。

6.暫時停止補充鐵劑：口服鐵劑，有時會加重便祕。

爹地陪媽咪看一場電影
幸福恩愛的生活

也許阿婆顧忌太多，一直囑咐家中不能敲敲打打，怕驚駭到媽咪腹中的小寶貝。子宮中的我已26週了，媽咪問醫師可以去看電影嗎？醫師笑了一下，然後說：「細膩、綿長、柔和配聲的電影，可以享受平靜喜悅的孕期生活呀！」接著又說：「可以在非假日時段，選靠走道的最後一排，夫妻好好享受一場喜愛的電影，腹中的小孩也會很愉快的。」很高興，上週三爹地陪媽咪到西門町看了一場電影，我感知到那天媽咪的情緒非常愉快，我這個小寶貝也覺得很幸福。

開箱分享

孕產小教室

❶ 懷孕後由於生理上的原因,很多孕媽咪會變得比較脆弱,心裡常會產生莫名的失落感、壓抑感、恐懼感,遇事容易發怒、焦慮、驚慌、悲傷等。孕媽咪心境平和、情緒較穩定時,胎動會緩和而有規律;如果孕媽咪情緒激動、躁忿,則可造成胎兒過度活動和心率加快。

❷ 文獻報告指出,當孕媽咪負面情緒持續較長時間,胎兒活動的強度和頻率會比平時增加數倍,且持續較長時間。所以,孕媽咪一定要保持穩定、樂觀、良好的心情,這樣能幫助寶寶健康成長。另外,孕媽咪心情好、心態好,生出的寶寶智商、情商也會好很多唷!

❸ 看一場電影,多少會帶給媽咪一些超物質的感光經歷,無形中在精神上感受莫大的享受,孕期的不適有時因而得以療癒。在影院裡,夫妻共享細膩、綿長、柔和配聲的一場電影,讓小倆口永遠如沐如浴地過著幸福的恩愛生活呀!

爹地一時行為迷失
孕期性病篩查

　　我這個小寶貝的爹地早出晚歸，每晚回家都累極了。不過，爹地每次都有陪媽咪產檢。有一天，爹地受到另一同事的招待，那天晚上酒喝多了，同事招待他與異性發生親密的接觸關係，回家又在醉意中與媽咪做了親密行為。隔了3天，爹地小便疼痛，尿道有異常分泌物，到泌尿科檢查發現感染了淋病。事隔1週，媽咪不放心，告訴了醫師。醫師問這樣的事有幾次，陪伴在旁的爹地輕聲說出先後有幾次受到同事招待。醫師此時說：「懷孕感染淋病、披衣菌、梅毒是可治療的。」媽咪聽了爹地那一串話後，一時木然，似已在嗚咽，似已在掩泣，心裡只想著我這個小寶貝，硬著頭皮決定做以上那三項檢查。不過，小寶貝相信，從今而後，爹地對待媽媽，定會像四季和風一樣，常陪在媽咪左右。

開箱分享

孕產小教室

❶ 在孕期的任何階段，孕婦都可能感染淋病。感染淋病後，應及早治療，否則可能會發生早期流產，中晚期早期破水、羊膜絨毛膜炎、胎兒感染及早產等不良後果。

❷ 如果孕婦感染淋病，胎兒在通過產道時，可能因而感染到淋菌，導致淋菌性結膜炎。據醫學研究報告，假如新生兒結膜炎未及時有效治療，可能發生角膜潰瘍，潰瘍癒後的角膜疤痕，甚至可能導致新生兒失明。因此，孕婦若懷疑感染淋病，要到醫院做子宮頸的分泌物培養，若確診感染淋菌，應遵醫囑做徹底治療。假如分娩時仍未治癒，胎兒在經過產道或產後，都要做適當地處理，以免對新生兒造成危害。

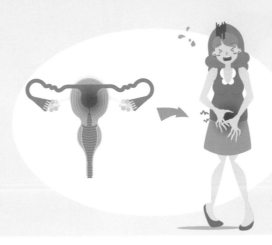

柔美的巴羅克氏音樂
音樂與胎教

　　有一次我這個小寶貝胎動很厲害，媽咪請教醫師，醫師說：「12小時內，若胎動小於10次，或大於40次，最好能來院檢查胎兒的健康情形。」在旁的爹地慢條斯理，帶點中低下和聲地說：「不過，我近距離跟小寶貝講話，好像他就較安靜下來。」醫師馬上回應：「那就對了，胎兒喜歡您這樣阿法波的音調，這種節奏會使胎兒產生安定的效果。」醫師又說：「科學家指出，播放類以阿法波的巴羅克式音樂，例如像莫札特的音樂，每分鐘約60～70拍，會讓胎兒有安靜、穩定情緒的反應」不過，醫師最後又說：「當然，不尋常的胎動反應，還是要回院所檢查才好。」

孕產小教室

胎兒的感官發展

　　據文獻報告，胎兒的感官發展如下：

　　聽覺：大約在妊娠第24～28週時，胎兒會開始對聲音有反應。雖然外界的聲音大多被阻隔在外，能傳到寶寶耳裡的有限。不過，只要媽媽唱歌、說話，寶寶大都能聽得到唷！

　　觸覺：在胎兒的所有神經功能發育中，觸覺是最早出現。大約在妊娠第8週大時，嘴唇就開始有了觸覺；第12週大時，手掌可有觸覺；第14週左右時，除了背部及頭頂，身體各部位也都有觸覺了。因此，在妊娠第3個月時，透過超音波就可看見寶寶手舞足蹈，甚至在吸吮手指、腳趾的模樣。

　　視覺：這是胎兒發育最晚的感官系統。胎兒的眼睛，在妊娠第27週前都是緊閉著，在這之後，才能從超音波上，被觀察到張眼與眨眼的動作。妊娠滿33週後，瞳孔就具有放大與縮小的能力，可隱約辨認物體的形狀。但是，因為子宮裡是一片漆黑，所以視覺此時無法發揮真正作用。

高齡產婦已占31.09%
高齡孕產婦風險高

　　國民健康署發佈，2020年35歲以上的高齡產婦，其占比已達到31.09%，可說創下歷年來的新高紀錄。媽咪今年39歲，懷了我這個第一胎的小寶貝。媽咪擔憂有甚麼生產風險，詢問醫生要特別注意哪些事項。醫生說：「高齡產婦，發生妊娠高血壓、妊娠糖尿病、流產、早產及嚴重合併症的風險的確較高。這些，可在產檢時做好評估，醫生也會教導預防方法。」醫師接著說：「另外，隨著孕婦年齡增加，懷唐氏症、巴陶氏症及愛德華氏症等染色體異常胎兒的風險，也會跟著提高。目前政府有補助做羊膜穿刺的費用，以協助胎兒染色體的檢查。」最後醫師說：「高齡生產的占比，目前一直在攀升，我們要一起來迎接，細心地來照顧，做好全方位的產前檢查，自然能讓母子健康、平安。」媽咪聽了醫生的一番話後，帶著愉悅、輕鬆的心情，再好奇地走向衛教人員，詢問一些問題。

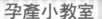
孕產小教室

❶ 高齡產婦的營養策略

高齡產婦在準備懷孕的前3個月，最好就開始補充葉酸；懷孕後，為避免妊娠毒血症的發生，也需服用適量鈣片、鐵質與孕婦需要的維他命；儘量少吃精緻澱粉類食物，飲食宜少油、少鹽、少糖，水果也要以甜度低的為好，以減少妊娠糖尿病與妊娠高血壓的發生率。

❷ 高齡產婦必做的產前檢查

除了在懷孕第16～20週時，國健署有針對34歲以上孕婦，提供羊膜穿刺的遺傳診斷檢查補助外，我們也建議孕媽咪在懷孕第20～24週時，能安排做高層次超音波檢查。另外，要在懷孕第24～28週時，到醫療院所檢測3次的血糖值，以早期診斷出有無妊娠糖尿病。當然，在每次的產檢中，一定要量測血壓、檢查有無尿蛋白及水腫，做好妊娠毒血症的檢查與預防。

我不要孤單地待在保溫箱
低體重出生兒

那一年，我這個小寶貝是28週，早期破水了，預估體重只有780公克（一般胎兒此時體重大概是1000公克）。醫師說：「出生體重不足1000公克的早產兒，有較高併發新生兒腦室出血、呼吸窘迫、腸壞死等罹病率。」醫師接著又說：「此時當然要安胎，但若併發絨毛羊膜炎，恐怕要提早出生。」媽咪接受了好一陣子的抗生素注射，以及安胎治療。所幸，我這個小寶貝保住了。小寶貝在38週多出生，體重才1950公克，但哭聲宏亮，沒有呼吸上的困難，血氧都在99%～100%。當然我這個小寶貝是屬於足月低體重兒，爹地當晚把我包覆在他胸前暖護著。小寶貝是爹地的心頭肉，我覺得很幸福。

開箱分享

孕產小教室

❶ 臨床上,胎兒在妊娠第37週以前出生,稱為「早產」。胎兒的出生體重未滿2500公克,稱為「低出生體重新生兒」。根據文獻報告,低出生體重兒,若無染色體異常或胎兒感染,能夠在出生時、出生後受到適當的照顧,罕見會出現嚴重精神遲滯與其他重大殘疾。

❷ 據醫學研究報告,低出生體重的早產兒,由於神經和肌肉的發育尚未臻於成熟,其吸吮、吞嚥時的口腔肌肉動作及呼吸協調能力,皆不如正常寶寶那樣成熟有力。因此,餵食上除了提供足夠的營養外,也要避免奶水嗆到呼吸道;若新生兒無法經由親餵或瓶餵來進食,就需要靠打點滴來補充營養,或另外用管灌來餵食了。

在白千層步道上的流連
產前運動

　　經常，皎潔的月光，都會輕瀉在我家社區那兩側的白千層步道。因此，我這個小寶貝跟媽咪，都超喜歡爹地陪我們，在這步道上漫步流連。產檢醫師一再叮嚀：「適當的產前運動，可以控制母親的體重和血糖，又可以有效調節孕媽的情緒，有助於產婦能順利自然生產。」不過醫師又說：「孕媽咪如有妊娠高血壓、妊娠糖尿病、或有心臟疾病，就不宜在飢餓時運動，或做較激烈的活動。做產前運動時，如有不適，記得要停下來休息唷！」

開箱分享
孕產小教室

❶ 孕期能養成好的運動習慣,有助於順產和產後的體態恢復。不過,仍要避免衝撞性、有跌倒風險的球類運動,或易造成體溫上升過高的活動。利用正確的深蹲、舉臂等基礎健身姿勢,可訓練臀部、大腿後側的核心肌群,對孕期健康很有助益;但是,若運動時出現陰道出血、胸悶或腹痛、早期破水、小腿腫脹或疼痛時,就應立刻停止運動。

❷ 產後可多做「凱格爾運動」,這會增進骨盆底肌肉群張力,強化尿道括約肌彈性,可預防或改善尿失禁。另外,還能改善骨盆鬆弛症,預防骨盆器官脫垂,例如子宮脫垂、膀胱脫垂及陰道的鬆弛。

凱格爾運動

平躺,雙膝彎曲收縮臀部肌肉,並同時提肛5秒,休息5秒,重覆做20次

雙手緊貼地面,臀部向上抬起同時收縮臀部,並提肛5秒,臀部放下休息5秒,重覆做20次

BB害怕太早進入漏斗隧道
子宮頸長度

媽咪曾接受過子宮頸圓錐切除術，現在是懷孕13週多了。醫師幫媽咪做了內診，發現子宮頸口有開張情形。於是，醫師又做了陰道超音波，發現子宮頸內口呈漏斗狀擴張，而且子宮頸長度（內口至外口）僅有2.5公分。於是，醫師跟媽咪說：「我將在妊娠第14週時，將您的子宮頸用尼龍帶環縫起來，以加強子宮頸張力，降低早產機率。」妊娠第38週時，醫師幫媽咪從子宮頸取出尼龍帶，隔2天後，我這個小寶貝就順利地自然生產了。

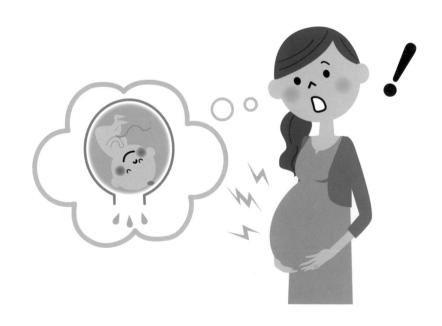

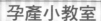

開箱分享
孕產小教室

❶ 懷孕第16～20週時,在無任何子宮收縮的情況下,子宮頸卻自發性擴張,進而導致破水,而產出胎兒,稱為「子宮頸閉鎖不全」。導致子宮頸閉鎖不全的原因,主要為先天性子宮頸發育異常、後天子宮頸手術(例如子宮頸圓錐切除術)或傷害所造成。

子宮頸圓錐
切除術

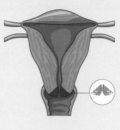

❷ 有「子宮頸閉鎖不全」病史的孕媽咪,通常在懷孕第12～14週時,就應當進行子宮頸縫合的麥當勞(McDonald)手術。懷孕第38週以後,就可以剪開縫線待產。當然,懷孕第37週以後,若已有產兆,亦可安排取出子宮頸縫線,以便順利生產。

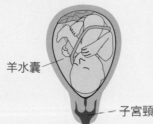

羊水囊

子宮頸

縫合

正常子宮頸　　　子宮頸閉鎖不全　　　麥當勞縫合

瞳孔裡映著清亮的羊水

防羊水胎便染色

　　媽咪在懷孕第39週時，醫師照完超音波後，就建議催生。醫師是這麼解釋：「懷孕第37週時，平均子宮內的羊水量最多，然後逐漸減少，到了第42週，往往只剩第37週時的四分之一。」接著又說：「妳現在子宮內羊水，四象限半定量只有4公分，正常範圍是8～24公分，有羊水量少的現象。」醫師最後又說：「羊水量減少到正常下限，可能造成臍帶壓迫，使胎兒缺氧。我女兒出生時，她的瞳子就被混有胎便的羊水染黃，會擔憂她容易被感染。」為了讓滋潤我這個小寶貝瞳孔的羊水是清亮的，媽咪就決定入院催生了。

開箱分享
孕產小教室

❶ 臨床研究發現，羊水量會隨著懷孕週數增加而呈現變化，懷孕第12週時約50cc，懷孕中期約300～400cc，第36～38週間會達到約1000cc，此為懷孕中羊水量的最大值。若超過了預產期，羊水量就會逐漸減少。

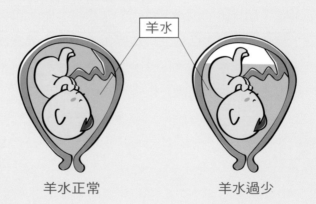

羊水

羊水正常　　　　　　　　羊水過少

❷ 羊水量的多寡，常是胎兒健康的評估指標。羊水量可透過超音波的測量，將懷孕的子宮腔分為四個象限，分別測量其內羊水的最大垂直深度，將測出的四個數字相加，即為羊水量指數，臨床以8～24公分為正常範圍。至於所謂最大羊水深度，就是測量單一最大羊水囊的垂直深度，一般以2～7公分為正常範圍。臨床上，可在懷孕第20及36週分別做羊水量指數的量測。

喜歡泡在適量的羊水中
羊水量多寡

　　我這個小寶貝在胎內4個月時，就開始練習小便。現在小寶貝已7個月了，能徜徉的羊水量已700cc。醫師每次產檢，都很在意羊水量，因為它替我這個小寶貝傳達健康訊息。有一次，醫生邊看超音波，邊向媽咪說：「胎兒會張口喝羊水，而排出的尿，又會回到羊水裡。羊水過多，雖然有些仍是正常的，但有時可能是胎兒食道或腸阻塞、腦部異常或染色體異常，有時可能是媽咪有妊娠糖尿病，甚至易早產。反之，羊水過少，除了擔憂是否早期破水外，也要考慮是胎兒腎臟或泌尿系統出了問題，也可能是胎盤功能異常，而易造成胎兒窘迫與子宮內生長遲滯的現象。」羊水，是小寶貝在媽咪子宮內徜徉的神秘小海洋，我不要它太深闊，也不要它太淺窄。

開箱分享

孕產小教室

❶ 羊水是提供胎兒活動的空間，它對胎兒的肌肉骨骼發育很重要。胎兒能否正常吞嚥羊水，與胃腸道的發育息息相關。羊水本身，除了能提供一個恆溫的保護環境，又能使胎兒免於受子宮的直接壓迫，以避免孕媽咪腹部受衝擊時，小寶貝受到直接的傷害。

❷ 根據文獻報告，羊水過少的發生率約在1%～2%之間。羊水過少的最常見原因，主要是胎兒畸形（例如腎臟發育異常）或胎盤功能不良，導致胎兒尿量減少。統計發現，羊水過少有相當高的胎兒預後不良發生率，其中包括畸形、死胎、早產、肺部發育不良等。因此，當發現羊水過少時，就要尋找其原因，並加強胎兒健康的監測。

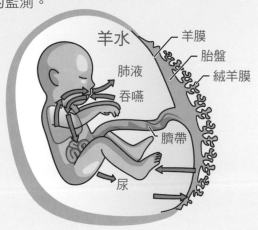

羊水　　　羊膜
　　　　　胎盤
肺液　　　絨羊膜
吞嚥
臍帶
尿

懷孕後的媽咪更有魅力
提防孕期憂鬱症

　　媽咪從懷孕9週開始，就有失眠、心情低落的現象。爹地很緊張地請教醫師，經過檢查後，醫師告知爹地：「孕期、甚至產褥期，孕產婦的情緒失調症，常會有50％～70％的發生率，家人能適時給予精神上的支持與關注，多半會得到改善。」醫師又說：「不過，孕產婦罹患憂鬱症的比率，仍有10％～15％，有時會影響母體荷爾蒙的分泌，引起血管收縮，以致於影響胎兒的發育，甚至因而誘發早產。此時，除了家人要倍加關心外，也可尋求醫師的專業協助。」最後醫師說：「孕產婦罹患精神症的比率是不高，發生率大概在0.1％～0.3％之間，此時需要接受精神專科醫師的診療。」爹地聽完醫師的講述後，接著說：「我太太沒問題的，她懷孕後更有魅力。」媽咪聽後，會心一笑，真的都沒事了。

產前憂鬱症的發生並不罕見，孕媽咪若有以下症狀，就要注意是否罹患產前憂鬱症：

1.精神萎靡、情緒低落、頹喪、易傷心、空虛的感覺。

2.凡事變得沒興趣、曾經令人愉快的活動也漠不關心。

3.缺乏自信；有灰色的傾向、常覺得有罪、一文不值。

4.明顯恐懼及焦慮感、躁動不安。

5.有睡眠上的問題，譬如嗜睡或失眠。

6.覺得人生沒有希望、悲觀主義、沒有愉悅感。

7.暴飲暴食、或毫無食慾。

8.有自殺的想法，或嘗試自殺。

若出現以上相關症狀，除家人能適時給予精神上的支持與鼓勵外，記得可尋求專業醫師協助唷！

眨眼送秋波，吸吮秀淘氣
胎動

其實，我這個小寶貝的神經發育，在媽咪懷孕第16天就開始萌芽了。在四個半月時，我的腦部就已很發達，會開始吸手指唷！小寶貝像在羊水之海中悠游，偶爾在4D超音波上，讓您看到我在眨眼微笑，很吸睛吧！也許，媽咪可能在五個半月時，才會感覺到我的胎動，這也是醫師判斷胎兒是否健康的訊息。產檢的醫師跟媽咪說：「胎兒出生後，有時會發現，新生兒的拇指或手腕怎麼有瘢痕，原來是小寶貝調皮，在子宮內自己吸吮造成的。」接著又說：「胎兒在子宮內自行吸吮手指，表示小寶貝的腦部發育很發達。不過，當母親過度飢餓時，千萬也要能感知，小寶貝在吸手指示意，他也餓了。」

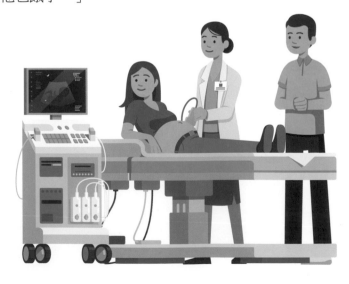

開箱分享
孕產小教室

❶ 從妊娠第20週開始，孕媽咪就可感覺到胎兒在子宮裡活動，就是「胎動」。事實上，胎兒初期就開始出現胎動，但因為胎兒太小，活動力小，孕婦通常感覺不出來。一般在妊娠第16～18週時，孕媽咪第一次感受到胎動，而在第20～22週時，胎動會更為明顯。當然，曾經生過2、3胎的孕媽咪，也許在第16、17週時，就感覺到胎動了。

❷ 臨床上，「胎動」常被作為孕婦自我監測胎兒是否健康的方法。因此，妊娠第28週後，孕媽咪就要每天觀察胎動。一般吃完飯後，胎兒會開始活動，孕媽咪可以最舒服的姿勢來計算胎動次數。臨床上，12小時內胎動達10次以上、且在40次以下，除非有其他特殊情形外，胎兒的狀況算是正常。

我的睡眠時間跟媽咪有默契
胎兒睡眠

　　媽咪問醫生說：「我的胎兒也會睡覺嗎？」醫生說：「生理時鐘就在視神經交叉的上方，懷孕中期後，就愈來愈規則。」醫生又說：「超音波看到胎兒眼球不斷眨動，那是潛眠狀態的急速眼球運動，胎兒是有睡覺時間的。」醫生最後又說：「媽咪的生活週期紊亂，自然會影響胎兒的生理時鐘。胎兒想睡又不得睡，也會影響胎兒的發育。所以，孕婦要注意生活習慣，一定要有規律且足夠的睡眠。」

開箱分享
孕產小教室

❶ 懷孕初期，胎兒的神經系統尚未發育完全，使得他們的睡眠無法規律，也沒有所謂的睡眠週期。因此，懷孕初期的胎兒，無論白天或黑夜，無論孕媽咪睡著還是醒著，都是隨自己的需求，睏了就睡，醒了就繼續玩。文獻報告，到妊娠第28週以後，胎兒的神經系統發育比較成熟了，小寶貝的睡眠，也就變得規律起來，每次的睡眠週期，一般人約是40分鐘左右。

❷ 根據醫學研究，在妊娠第23週左右，胎兒會有快速動眼睡眠；在妊娠第30週左右，胎兒會開始頻繁做夢；在妊娠第32週左右，胎兒每天90%～95%的時間都在打盹或沉睡；在臨近分娩時，胎兒的睡眠時間幾乎跟新生兒相同，一天中有85%～90%的時間都在睡覺呀！

安胎假

媽咪是高齡產婦，而且有子宮肌瘤及妊娠高血壓。媽咪從妊娠26週起常有像月經來潮的腹部酸痛，併著子宮硬起，醫師給予胎心監視器（NST）檢查，發現有子宮收縮，是早產現象。醫師說：「我先給妳子宮收縮緩解劑，作為安胎治療，但媽咪也一定要休息。」媽咪怕放安胎假造成老闆的不快，還是繼續上班，努力工作著。妊娠28週時，媽咪因持續下背疼痛，併有陰道出血，所以被安排入院安胎了。醫師強調說：「早產兒易因肺部不成熟而致呼吸窘迫、葡萄糖等代謝異常，最好在妊娠37週後產出才好。」接著又說：「政府為了建構友善生養環境，主管機關頒布的勞工請假規則中，其第4條第2項明定，經醫師診斷需安胎休養者，其治療或休養期間，併入住院傷病假計算。又同條第1項第3款規定，未住院傷病假與住院傷病假2年內合計不超過1年者，可請普通傷病假。所以，出院後該請安胎休養就要請假，不能再逞強唷！」

開箱分享
孕產小教室

❶ 安胎的目的，就是要盡量延長懷孕的週數。安胎治療的方式，包括門診安胎藥物使用、臥床休息、適當的產前照護、住院觀察與安胎藥物注射等。臥床休息，可以促進了宮胎盤間的血流灌注量，也可減少刺激子宮頸變薄、變軟和擴張的因素，以延長胎兒在母體內的生長時間，增加胎兒身體各部與肺泡的成熟度。

❷ 當孕媽咪發生子宮規律收縮時，最好臥床休息。若是子宮收縮無法緩解，或合併有陰道出血、腹部緊繃感、持續下背疼痛、早期破水、壓迫性的便意感等不適症狀時，就應儘速赴院就醫。必要時，要安排入院安胎治療。

❸ 在安胎期間，應避免會引起子宮收縮的活動，如搬動重物、頻繁地上下樓梯，更要避免性生活及自行做陰道灌洗。若出現早產現象，應盡速就醫，早點服用子宮收縮緩解劑，以降低早產風險。

用溫馨串成友善生養環境
產檢假

　　性別工作平等法第15條第4項規定，孕婦可有產檢假7日，得以半日、一日或小時為請假單位。另外，性別工作平等法第15條第5項規定，配偶分娩之當日及其前後合計15日期間內，可擇其中7日請陪產假，且可分次請假。不過，醫師向爹地及媽咪提醒說：「陪產假期間，雇主應照給工資，但其間若遇有例假日或其他依法應放假之日，均包括在內，有規定是不另外給假唷！」真的，我這個小寶貝可得到很好的14次產檢，又能得到爹地更多的陪伴，這也要感謝醫師窩心的提點。

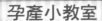

① 為因應少子化的危機，政府陸續推出各種協助家庭照顧子女的方案，希望提供新手爸媽們更好的育兒環境。其中產檢假的天數，已於2021年12月18日正式修改，由原本的5天增至7天，並規定產檢假，薪資照給。

② 產檢假沒用完，可以產後再使用嗎？不行唷！產檢假的請求，只有在懷孕期間到醫院做產檢檢查時適用。產檢假沒休完，會直接就不算數了。

③ 準爸爸可以請陪產檢假嗎？可以！政府已於2021年12月18日同步修訂，將受僱者陪伴其配偶妊娠產檢或其配偶分娩時，雇主給予陪產檢及陪產假，新增至7天。並規定陪產檢及陪產假期間，薪資照給。

飛往故鄉的航班
搭飛機

　　媽咪妊娠已24週，詢問何時可搭機回越南故鄉。醫師解釋說：「飛航過程不要過度勞累，否則容易導致流產或早產。因為飛機上不具備良好的生產設備，假如發生破水、急產，仍是相當危險，所以建議第三孕期後就不要搭飛機。」醫師又說：「當然，母親在無任何不適，及在正常胎況下，正常的第二孕期短程飛航，仍是可以的。」醫師最後又說：「飛航中，由於機艙內的低氣壓、低濕度，會增加孕婦的心肺負擔，又易併發血栓。因此，搭機時可多伸屈下肢，藉由適度的活動，以促進血液循環。另外，也要避免提重物，如果可以，最好能有親友相伴。」

　　歸鄉心切，但仍要惦記著腹中的胎兒，是否在旅程中也能舒適。

開箱分享

孕產小教室

孕媽咪搭飛機時要注意以下事項：

1.隨身攜帶一些常備藥。若有任何身體不適，要立即請機上人員協助。

2.機上衣著以寬鬆舒適為主，尤其避免過於緊窄的穿搭。

3.因為飛機上空氣比較乾燥，所以有皮膚癢的孕媽咪，記得要做好保濕、或攜帶醫師開立的軟膏。

4.國際性傳染病的預防措施，一刻都不能鬆懈唷！

5.飲用咖啡、濃茶要適量，並避免酒精類飲料及生食。

6.當長程飛行時，因長時間處在低濕度及靜坐的狀態，容易引起下肢水腫及靜脈栓塞，可穿彈性褲襪預防；要在飛行平穩時，每隔一段時間起身走動，以促進血液循環；並記得要喝足夠的水，以避免血液濃稠，減少血栓的機率。

7.安全帶千萬不要繫得太緊，且最好將安全帶繫在骨盆位置上。

孕媽咪也想要漂漂亮亮
化妝及染髮

媽咪懷孕後，更愛漂亮，但偏偏狂長痘痘。媽咪請教了醫師，問及如何處理痘痘，並順便詢問可否染、燙髮？醫師說：「孕婦臉上易長斑，甚至出痘痘，因此要特別多注意防曬，以避免痘斑的顏色加深。但是，千萬不要使用三合一退斑軟膏（內含有A酸、對苯二酚及類固醇的成份）。」醫師又說：「若痘痘有發炎症狀，除不宜自行擠痘外，亦可由醫師開立懷孕用藥加以治療。另外，在使用保養品方面，也不要使用顏色鮮艷、香味濃重的化妝品，以免其中可能含有塑化劑，而有害胎兒健康。」醫師最後又說：「懷孕期間視膚況，可適當使用含果酸或水楊酸化妝品。但是，不建議懷孕期間做高濃度的化學換膚。孕期中，仍避免染髮或燙髮為宜，也不建議做非急迫性的醫美處理。畢竟，不能只想到表面的光鮮，而遺漏了對胎兒的可能傷害。」

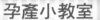

開箱分享
孕產小教室

　　避免染、燙髮，仍是要當作孕媽咪的第一選擇；若孕媽咪一定要染燙髮，最好注意以下幾個原則：

　　1.染燙髮的時間，最好等懷孕第3個月以後。因為懷孕第3個月以前，正值胎兒器官發育期，不良的藥劑易造成胎兒畸型。

　　2.懷孕前未曾染過髮的人，建議最好不要在孕期中嘗試，以免造成過敏。

　　3.染燙髮的程度，儘量減少頭皮對藥物的吸收為前提。

　　4.儘量減少染燙髮的次數，以避免累積的藥物，對胎兒造成影響。

　　5.染燙髮時，只要使用少許護髮劑，對頭髮的保持有幫助即可。

美妙動人的舞姿

　　媽咪懷孕前後，無時無刻都很注意自己的身材。有一次產檢，媽咪攜帶《小S之懷孕日記》一書，翻開了其中一頁，並問著：「請問醫生，我也可以做像小S這樣美麗孕姿的動作嗎？」醫生回答說：「當然可以呀，不過要看自己的能力，能做多少才做多少。」媽咪又問孕婦可否跳爵士舞？醫生又回答說：「爵士舞是有氧運動，有些孕婦喜歡。當然，孕婦仍應以輕慢的爵士聲樂，來搭配自己適合的舞步。」醫師最後說：「爵士舞對孕婦來說，千萬不要做過度的彈跳，也不要作深度的伸屈，或做劇烈的旋轉與扭腰、擺臀。跳爵士舞，可藉輕慢的聳肩、肢體活動，達到有效生理功能即可。並可隨懷孕週數，調整、變化自己可勝任的舞步。」媽咪在醫生面前翻閱著《小S之懷孕日記》，一頁頁翻動出孕媽挺出的身形，看上去好像是微風吹過的波影，的確美妙動人。

開箱分享

孕產小教室

　　跳舞，有助孕婦增強肌力，放鬆骨盆，對分娩很有幫助，但需要注意以下幾點：

　　1.懷孕的每個孕期，身體所能承受的負擔各不相同，所以要適度調整運動強度，以保障自己和胎兒的安全。

　　2.孕媽咪跳舞時，要挑選寬鬆、舒服的衣褲。孕媽咪若有腳部水腫情形，鞋子就要特別挑選，以保持腳部的舒適性。

　　3.要找有受過專業訓練、或有相關經驗的舞蹈老師，萬一出現突發情況，能適時應對與協助。

　　4.孕期的體力與耐受力相對較弱，宜選擇較緩和的舞蹈。過程中，也不必強求動作處處做到位，最好能根據當時的身體情況，調整舞蹈的動作快慢與幅度。

　　5.跳舞會消耗能量，運動前後要補足身體所需的營養及水分。

生理活動的闕如，可以用精神撫慰來填補

性愛

爹地鼓起勇氣，詢問醫生他與媽咪何時可有性愛生活。醫生回答說：「不是所有懷孕婦女，夫妻間都要禁止性愛生活。但是，有產前出血、有早產之虞者，還是要規避為宜。」醫師又笑著說：「上帝要讓你更幸福快樂，常先讓你失去某些機會，再使你又找到原先失去的機會，讓你得到原先預想不到的更大快樂。」醫生最後說著：「等你們因懷孕性愛禁忌解封後，絕對會讓你們彼此重獲更親密的夫妻情趣。這段期間，生理活動闕如的地方，可以彼此用精神撫慰來填補。」原來，懷孕期間的夫妻情趣生活，也是一種藝術。重要的是，彼此要互相製造，那說不盡的甜蜜話題。

開箱分享
孕產小教室

❶ 孕期的性生活，最擔心的是會不會造成流產與早產？其實，只要注意姿勢及小心行事，這些問題是可以避免的。懷孕就要禁止性生活，尤其對年輕的夫妻來說，有時是很難做到的。事實上，懷孕期間有適當的性生活，對夫妻雙方的身心健康都有好處。

❷ 不過，孕期中做愛還是要注意一些細項，先生不要過多去刺激妻子的乳房，這會促使子宮有反射性收縮。另外，先生也不可在陰道內射精，因為精液含有前列腺素，會造成子宮收縮，而引發早產情形。

❸ 懷孕期間，女性的內分泌、生理變化很快，容易造成情緒的起伏。因此，如果先生能多給予妻子親密的擁抱，可以讓孕婦更加安心，也會倍覺溫馨。醫學已經證實，夫妻間親密的身體接觸，可有效減低產前憂鬱症的發生率。

性病篩檢

　　媽咪懷孕8週時，爹地被派到對岸工作。不到3個月，可能是心軟，被那邊的阿姨騙走了一大筆錢。爹地失金而回，但還是會死皮賴臉、靜悄悄地跟著媽咪來產檢。只是，媽咪一直當作沒有爹地的存在。當然，爹地會藉著在醫生的面前，好生地表達對媽咪的道歉與懺悔。醫生突然說一句：「現在，先生不可要求夫妻的性愛生活，也不知第三者有無性病，所以建議做一次性病篩檢。」爹地欣然接受了建議。醫生又說：「有父母的孩子是個寶，好好重新建立完整的家庭。」醫生最後說著：「先生要像顆誠摯的磁石，努力地將老婆碎裂的心鐵，一塊一塊地吸組好，還給媽咪一顆完整的心。」爹地感謝地連聲應諾！其實，我這個媽咪腹中的小寶貝，心裡也知道，此時媽咪對爹地的行事雖冷落，但他們倆的情感還是很濃的。

開箱分享

孕產小教室

❶ 不同的性傳染病，其潛伏期也會不同。據醫學報告，所謂的生殖器疱疹，即第二型單純疱疹，其潛伏期約1～26天；淋病的潛伏期約1～14天；披衣原體感染的潛伏期約7～21天；梅毒的潛伏期約10～90天；後天免疫缺乏症候群（AIDS）的潛伏期約2～3個月。

❷ 因為孕婦被感染HIV後，一般需3～12週後才能檢查得出病毒，所以在進行不安全性行為後，HIV的性病檢查結果雖然呈陰性，仍應該在3個月的空窗期過後，再度做一次檢查，以確認是否有受到AIDS之HIV感染。

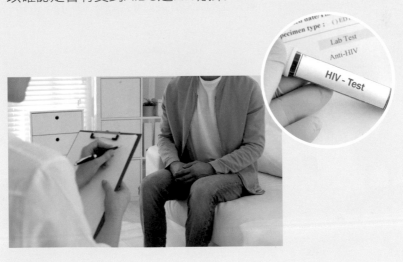

日暖風輕時，可陪老公去放風箏
高EQ孕婦

媽咪產檢發現血中維他命D_3不足，醫師說：「可以口服補充維他命D_3，也可多曬一點陽光。譬如，可在日暖風輕的日子，陪老公去放風箏！」醫生又笑著說：「孕期的媽咪，懂得營造夫妻生活，如同造出香醇佳釀，讓老公永遠沉醉在妳心底酒罈中。日曬可得D_3，又堅固愛情石，一舉數得。」醫師最後說：「若是風箏掉了，不要搶著去撿拾。一方面是孕婦不宜過度跑步，一方面是要把機會留給老公。常人言，女人像風箏，要相信老公會像放風箏的男人。他一定會掌握風向，全心全意地追逐他心愛的妳。妳就要像風箏般地，永遠被老公引導、被護航著！」高EQ的孕婦，在夫妻的平時互動中，會創造出很多美好的情趣，保持生活的新鮮度，讓自己更幸福。

❶ 孕媽咪在懷孕期間，要攝取足量的維他命D_3，能有助於胎兒的生長及骨骼發育。富含維他命D_3的食物，有蛋黃、魚類及添加維他命D_3的乳製品等等。必要時，也可諮詢營養師，或在醫師的指導下，攝取專供孕婦使用的營養品。

❷ 當然，孕媽咪要適度地接受日曬。因為維他命D_3可經由陽光照射皮膚而產生，所以曬太陽時適度露出手臂、臉部等部位，就可合成足量的維他命D_3。但是，還是要避開日光直射的時段。一般建議每天上午10點以前、或下午2點以後，在陽光充足，但不是最強烈的時段，曬10～20分鐘即可。

每餐都有淡淡的甜蜜
一人吃兩人補

爹地可厲害得很，得到祖父（村裡最出名專辦酒席的總鋪師）的真傳，他很有禮貌地請教醫生有關孕婦的食譜。醫生稱讚爹地，並回答說：「孕期的營養要均衡，更要媽咪能入口，一人吃是要兩人補。」醫生接著說：「澱粉類當然首選全穀雜糧，脂肪類要選不飽合脂肪酸，蛋白質要含卵磷脂。水果，宜選低升糖指數類。另外，富含維他命、礦物質的蔬菜、堅果類也要足夠。」爹地最後問及哪些食材可供料理及調配？醫生提出了建議說：「容易取得的當地食材，如奶類、魚、肉、蛋、及豆腐等，可作為蛋白質的來源。蛋黃、肝臟、紅肉、海產、全穀類、海帶、核果、深綠色蔬菜、柑橘，及胡蘿蔔等等，可提供孕期所需要的維他命及礦物質。」爹地聽了如獲至寶，相當欣喜。小寶貝相信媽咪孕期間，爹地的廚藝會更上一層。原來，爹地的夢想，是要每一頓的餐飲，至少都讓媽咪感覺到有淡淡的甜蜜。

開箱分享

孕產小教室

❶ 整個孕期的體重增加，有專家建議以10～14公斤為宜，但是增加的程度，可參訪國民健康署孕產婦關懷網站。懷孕前，若BMI＜18.5，也就是體重過輕者，建議增加12.5～18公斤，第二、三孕期每週增加0.5～0.6公斤；若懷孕前的BMI是18.5～24.9，也就是正常體重者，建議增加11.5～16公斤，第二、三孕期每週增加0.4～0.5公斤；懷孕前的BMI是25～29.9，也就是體重過重者，建議增加7～11.5公斤；若懷孕前的BMI≧30，也就是肥胖者，建議增加5～9公斤。

❷ 孕婦的飲食要均衡地攝取，三大營養素攝取量的占比，有專家建議：蛋白質為10％～20％，脂肪是20％～30％，醣類是50％～60％。也就是説，要均衡攝取全穀類、魚肉類、油脂類、豆類、乳類、蔬菜類、水果類、與堅果類等食物。但要記得，媽咪要能入口，一人吃才會兩人補唷！

蛋白質

脂肪

醣類

輕巧、方便，讓妳如釋重負
托腹帶

如同喜愛濃妝的婦女，最怕流淚，因為妳是擦不得，會留下淚痕。相同情形，托腹帶束裝不那麼方便時，孕媽咪更是怕有頻繁的如廁。媽咪問醫生，懷孕可否使用托腹帶？醫生說：「有媽咪在妊娠14週時，就開始使用托腹帶了，以減輕腰酸背痛。」醫生又說：「托腹帶的使用，最忌諱的是造成壓腹，讓肚皮有了勒痕或紅疹，所以選擇適用的托腹帶，是絕對必要的。」醫生最後說：「托腹帶使用得當，可減輕媽咪孕期的腰酸背痛。但是，懷孕常因子宮壓迫膀胱，小便次數也會稍頻繁，所以束裝的方便性，也是要考慮的。我建議選擇托腹帶時，要到購買處試用，不但要輕巧，材質要透氣，也要方便穿脫、調整。另外，使用時產生的彈性、張力要能達到剛好的情形，也就是要有好的伸縮品質。」真的，唯有如此，用起托腹帶來，才會有愉悅、時時如釋重負的感覺，這才值得！

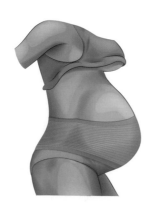
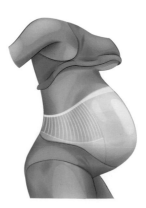
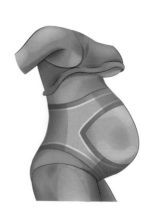

開箱分享

孕產小教室

❶ 托腹帶何時可以開始使用？可以用到什麼時候？

　　因為孕肚從妊娠第14週左右，就開始大幅成長，所以托腹帶可從這時開始使用。若本身腰背不好、常腰酸的媽咪，則可更早使用托腹帶！至於可用到什麼時候？一般來說，產前都可以持續使用，但有時醫師會依胎兒下降狀況，而要求孕媽咪暫停使用托腹帶。

**❷ 晚上睡覺腰很酸，
　可以使用托腹帶嗎？**

　　睡覺時，因為睡眠姿勢容易使托腹帶受到不當的加壓，而影響血液循環，進而影響睡眠品質，所以建議晚上睡覺時，不要使用托腹帶唷！

牙病治療

　　婦女懷孕會因身體荷爾蒙的變化，使牙齦肉體的微血管通透性增高，也就容易罹患牙齦炎、牙周病等等。醫生說：「懷孕初期易害喜，中、後期之後，胃部也易受變大子宮的物理性壓迫，而這些都容易導致胃酸逆流。尤其，有些懷孕婦女容易感覺到饑餓，常會有需要較多餐的飲食，所以就要常刷牙，清潔一下口腔的衛生，以防止齒齦發炎。」醫生又說：「當然，鈣質的補充可加強牙齒的堅固性。但是，單純靠補充鈣質，而忽略了口腔衛生，仍是不能解決牙齦炎、牙周病等問題。」醫生最後又說：「懷孕因牙肉的血管通透性增加，若有發炎情形，細菌就容易經由血流，擴散到全身各處。尤其，孕期中牙疼也易導致子宮早期收縮，不可不慎。」

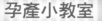

開箱分享
孕產小教室

① 懷孕期間，牙齒的疾病如放任不處理，會使孕媽咪的進食不佳，而影響寶寶的營養吸收。牙周病若惡化，會引起牙齦紅腫、疼痛與出血。另外，細菌容易經過血流，而造成媽咪敗血症。嚴重的話，可能導致流產或早產。

② 孕媽咪看牙科時，建議注意以下事項：

1.可以適度作牙床的X光照射，但腹部仍需覆蓋鉛衣。

2.可以打局部麻醉藥，但避免加入會誘發子宮血管收縮的藥物。

3.拔牙若造成過度疼痛，易誘發早產，所以要在無痛情況下進行。

4.可以在無痛情況下，抽牙床神經及做根管治療。

5.無藥物過敏者，可以吃止痛藥。

6.可以吃藥物等級A級及B級的抗生素。

孕期與肌瘤共存

子宮肌瘤

　　文獻報告，懷孕期間子宮肌瘤的發生率，大概是2％。媽咪在懷孕前，就被發現有子宮肌瘤。媽咪問醫生：「懷孕合併有子宮肌瘤，會有症狀嗎？可否在剖腹產時同時將肌瘤摘除？」醫生說：「子宮肌瘤大部分是無症狀，但是仍有些會出現急性疼痛，或是經常性的腹痛，或腹部壓迫感。」醫生又說：「懷孕合併子宮肌瘤，文獻報告會有早產、胎盤早期剝離、胎位異常、阻礙性分娩、剖腹產及產後出血的較高發生率。」醫生最後又說：「懷孕合併子宮肌瘤，在妊娠期間很少需要開刀，口服止痛藥就能讓腹痛緩解。至於，剖腹產中是否可同時做子宮肌瘤切除術，則端視子宮肌瘤位置及形態，不造成過度出血的情況下，可做選擇性的肌瘤切除。」媽咪在剖腹產中，有1顆約6公分大小的漿膜下子宮肌瘤，因為肌瘤蒂長莖薄，所以只多流一丁點兒血，醫生就取下了它；另外，有2顆子宮肌內肌瘤，因為長得如怨如怒狀，為了避免手術失血過多，醫生決定留待產後再做追蹤。

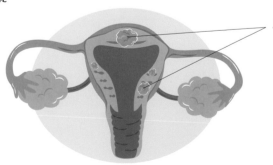

子宮肌瘤

① 醫學研究發現，懷孕會使體內女性荷爾蒙分泌上升，而使子宮肌瘤變得更大，尤其是在懷孕的前半期。不過，也有部分子宮肌瘤在孕期中並無明顯變化，甚至有些較大的肌瘤在懷孕後期反而變小。大多數的子宮肌瘤，在懷孕5個月之後，不會再長大，但也不會因而變小。

② 大部分子宮肌瘤，其實不會影響懷孕過程，真的無需過度緊張。若有造成不適，例如腹脹、腹痛等，醫師多會採取保守的口服藥等方式來緩解症狀；若需子宮肌瘤切除，一般建議在產後3～4個月之後再進行。至於若有剖腹產需要，同時欲做子宮肌瘤切除時，就要考慮肌瘤的位置及形態，在不會造成過度出血的情況下，是可以考慮的。

卵巢瘤

孕媽面對卵巢瘤蒂扭轉的嗚咽

 我這個小寶貝在受孕後第27天時，媽咪被醫生告知有卵巢囊腫。醫生說：「小於5公分的卵巢囊腫，在初期懷孕發現是常見的。初期懷孕常發現的黃體囊腫，在第二孕期的初期，大部分就會變小了。」醫生又說：「懷孕中，卵巢囊腫良、惡性的判斷，可藉都卜勒超音波（Doppler）協助評估。當然，卵巢癌指數CA-125的血液檢查值可做參考。不過，CA-125的血液值，因受懷孕初期子宮蛻膜因素影響，正常孕媽仍有呈現較高的數值，所以要小心評估。」醫生最後提到：「我曾經遇到懷孕約8週的孕媽，因急性腹絞痛，合併有嚴重的嘔吐現象。經詳細的物理檢查及超音波掃描，診斷有卵巢囊腫扭轉。在不影響胎兒的情況下施行麻醉，緊急手術，發現卵巢瘤蒂已扭轉厲害，呈嚴重深黑色，經摘除後，終能在足月生產。」話說回來，懷孕合併黃體囊腫，醫生認為不見得是一件壞事。所謂春江水暖鴨先知，有一次，隔壁鄰居的媳婦，月經尚未過期時，醫生發現疑似有黃體囊腫，而告知可能已受孕，後驗孕巧合是陽性反應，全家高興極了。

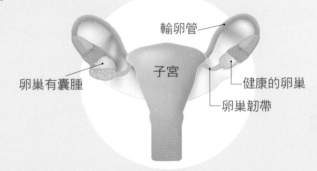

開箱分享
孕產小教室

❶ 妊娠初期,有卵巢黃體囊腫是一種正常現象,妊娠第12週後大多會自然消失。但是,仍有些卵巢囊腫會持續成長到大於5公分,或發生卵巢囊腫扭轉、破裂的情形。有些經一系列的詳細檢查後,如都卜勒超音波(Doppler)評估、卵巢癌指數CA-125的血液檢查等,而高度懷疑是卵巢癌時,可能就要考慮開刀切除。

輸卵管

子宮

卵巢有囊腫

健康的卵巢

卵巢韌帶

❷ 有文獻報告,有些卵巢腫瘤會併發蒂扭轉,好發於瘤蒂較長、中等大小、活動度高、重心較偏於一側的腫瘤,例如畸胎瘤等。當發生急性卵巢腫瘤扭轉後,其靜脈回流會受阻,腫瘤內極度充血、或因血管破裂致瘤內出血。當腫瘤體積迅速增大,因供應的血流受阻,會使腫瘤發生壞死而呈紫黑色,可能造成破裂、或繼發性的感染。不全卵巢腫瘤扭轉,有時可以自然復位,腹痛也會隨之緩解。

懷孕，子宮頸抹片檢查不打折
子宮頸病變

　　有人說，子宮頸病變像股票一樣，難以捉摸。媽咪問醫生懷孕可否做子宮頸抹片檢查。醫生回答說：「懷孕與否，子宮頸病變機率沒多大差異，所以早期診斷，早期做處置的決策，仍是相同道理。」醫生又說：「懷孕初期的抹片檢查結果有異常，仍然可做陰道鏡檢，及必要性的切片檢查。至於侵入性的檢查，如子宮內頸搔刮術及子宮內膜搔刮術等，一般仍會被視為禁忌。」醫生最後說：「懷孕合併有侵入性子宮頸癌，若是在懷孕初期，有時需考慮終止妊娠，並做癌病的常規處置。若是在懷孕末期，就要等到胎兒肺部成熟，才考慮安排分娩，產後再做癌病的醫療處理。」的確，子宮頸病變，難以捉摸，懷孕婦女的抹片檢查，仍是不可忽視的。

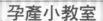

開箱分享
孕產小教室

❶ 臨床上使用的陰道鏡,是利用光學原理,將子宮頸特徵加以放大的工具。經由陰道鏡檢查,醫師可以清楚地觀察到子宮頸上皮及血管的變化,藉以診斷子宮頸是否有不正常病變。必要時,可經由陰道鏡進行切片檢查,以做更精確診斷及接下來的治療依據。

❷ 孕期中發現罹患子宮頸癌該怎麼辦?臨床上,如果抹片檢查結果是發炎或是癌前病變,一般會繼續追蹤、觀察,而不會終止妊娠,等到產後再評估治療方式;若確定罹患子宮頸癌,因為無法確保孕期癌細胞的變化及轉移情形,所以要考慮終止妊娠。但在懷孕末期,一般會等到胎兒肺部成熟,才安排分娩,產後再做癌病的治療。

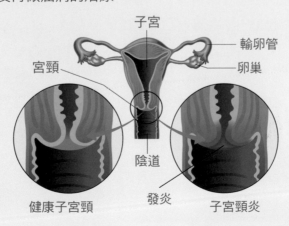

子宮

輸卵管

卵巢

宮頸

陰道

發炎

健康子宮頸

子宮頸炎

對新冠確診孕媽咪的視訊關懷
新冠病毒

今天是端午節，家家戶戶忙著插掛菖蒲、艾草，灑雄黃酒，祈求避災，並享安康。此時，我們生活的地方，正值新冠病毒災情肆虐中，不需我說，多數人會忐忑難安。這位孕媽已是第三孕期且併同染疫，由我們做居家視訊照護中，也有讓媽咪服用抗病毒藥物（Paxlovid），及一些針對症狀的治療。當然，每天都會視訊關懷病情及關切服用藥物的反應情形，以做即時的評估與處置。根據臨床報告，懷孕中的婦女，若感染新冠病毒，較易併發重症，尤其未施打滿3劑新冠疫苗者，更是屬高風險群，絕不能掉以輕心。醫生除了關懷媽咪病情外，也要關心胎兒的健康，主動詢問胎動情形，及一些產兆相關問題，如有無陰道出血、早期破水、早期宮縮等等。新冠病毒確診的孕媽，不用憂慮或不安，現在能視訊診療，也可隨時跟院方聯繫，不會讓自己感到孤單。

開箱分享

孕產小教室

❶ 孕媽咪如果確診新冠肺炎，可以服用哪些藥品？

一般的感冒用藥，如乙醯胺酚類的退燒止痛藥、咳嗽化痰藥、抗組織胺類等，基本上都是孕婦可使用的藥物，可視症狀服用，以減緩不適。因此，建議孕媽咪可準備乙醯胺酚類的止痛藥，例如普拿疼，儘量不要讓發燒持續太久。當然，如果孕媽咪沒有任何症狀，那就不需要用藥了！

❷ 不同孕期感染新冠病毒後，其嚴重程度也會不同嗎？

懷孕第28週前的生理變化較不明顯，孕婦在此時期染疫，若無其他危險因子，其症狀還不會比較嚴重。但到了第三孕期，孕媽咪的心臟負荷加重，肺活量也變小了，上呼吸道症狀會變得非常明顯，例如呼吸喘快等。尤其待產中的孕婦，還可能會出現呼吸衰竭的危險。因此，懷孕第28週後的染疫媽咪，會開立抗病毒藥物（Paxlovid）給予服用，以減少重症的發生。

懷孕後腰的敲擊痛
腎盂腎炎

媽咪懷孕6個月了，右腰酸痛，又合併小便疼痛、頻尿及血尿。醫生幫媽咪做了尿液分析，結果尿液有潛血反應，及較多的白血球。醫生幫媽咪做腰腎部的敲擊檢查，媽咪還沒有感覺有敲擊痛。醫生說：「尿液檢查顯示，有泌尿系統感染情形。如有合併腰腎部位的敲擊痛，甚或合併發燒，就可能已是腎盂腎炎。」醫生又說：「現在，我會開抗生素給您服用。假如，您有發燒，或合併早發性子宮收縮，一定要回診，避免菌血症及早產。」原來，懷孕有泌尿道感染是不可輕忽的。

開箱分享
孕產小教室

❶ 常見的泌尿系統感染，有些是生活習慣所造成，例如長期處在潮濕、不通風的環境中，就容易造成陰部孳生病菌，進而導致泌尿系統發炎。妊娠中、後期，因輸尿管的蠕動變慢，子宮本身壓迫到輸尿管，若沒有定時排尿，容易導致尿液積存在腎臟及膀胱過久，而造成相關部位發炎。

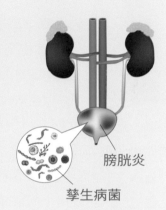

膀胱炎

孳生病菌

❷ 有文獻報告，孕媽咪的泌尿道感染，有時會演變成急性膀胱炎，有些甚至會變成急性腎盂腎炎。急性腎盂腎炎的孕婦，常會出現發燒、嘔吐及腰痛等症狀，需住院治療。更應注意的是，尿液若在膀胱積存太久，易導致孳生細菌，有時會沿著輸尿管上行至腎臟。孕媽咪的腎臟若受到感染，容易造成胎兒早產，甚或母嬰敗血症。

流感、百日咳與 新冠肺炎疫苗

媽咪問醫師懷孕幾週可打流感疫苗？醫師回答說：「流感疫苗的施打，在妊娠任何週數皆可施打。胎兒出生後6個月內，其免疫系統的發育尚未完整，在流感疫苗施打2週後，才會產生足夠、可達到有效保護的抗體量。所以，產前早點施打，抗體的保護力可達到一年；產後早點打，除了保護母親，也等於保護了新生兒。」媽咪又問醫師，可在哪一個孕期施打百日咳？醫師回答說：「百日咳施打後，大概要經過1個月，抗體量才能發揮到保護效果，所以最好在妊娠28～32週之間，儘快完成施打，讓抗體經由臍帶傳送到胎兒身上，以保護出生後的新生兒。」媽咪也詢問施打新冠肺炎疫苗的事情，醫師說：「根據國內外報導，任何懷孕週數，包括哺餵母乳期間，皆可施打mRNA新冠疫苗。經醫師評估，確認利大於弊，鼓勵孕婦施打。」真的，媽咪按孕期適合時程施打疫苗，才能保護我們母子健康。

開箱分享
孕產小教室

❶ 美國疾病管制中心（CDC）已表示，孕期確診新冠肺炎會增加死胎、早產和其他併發症的風險。因此，建議計畫懷孕、孕期、哺乳期的女性能施打新冠肺炎疫苗。不過，若是正在發燒、罹患急重症疾病，或有嚴重感冒症狀的孕婦，則不宜接種，待病情穩定後再行施打，以避免和施打疫苗後的反應，發生了混淆。

❷ 有研究報告指出，懷孕期間施打新冠肺炎疫苗，能預防兒童住院的整體效果達 61%；若在分娩前2～21週接種新冠肺炎疫苗，其保護力可達到80%；若只在懷孕初期接種新冠肺炎疫苗，其對嬰兒的保護力則下降到32%。因此，懷孕期間，儘量依注射時程，將疫苗打好打滿，以增加母嬰的保護力唷！

日光紫曬後，孕裝會泛著淡香
陰道炎

　　媽咪一直為陰道分泌物多而發愁，經醫生檢查確定是黴菌感染。爹地插話說：「我們住窄淺的公寓，幾乎沒有陽台可供曬衣物，是不是有相關？」醫生說：「陰道內有正常的乳酸桿菌，讓陰道內環境維持在pH值4.5以下，那就不易受感染而致罹患陰道炎。但是，若長期使用抗生素、或經常自己做陰道沖洗，或是忽略性生活的清潔措施等，都是發生陰道炎的原因。」醫生接著說：「懷孕有陰道炎，還是要經醫師做骨盆腔內診，判斷是細菌性、黴菌性，或滴蟲感染。針對感染源，做對症治療。」最後醫生說：「衣物經過日曬後，不但使衣物泛著淡香，穿起來也比較舒服。另外，日光紫曬後，能使衣物乾鬆，透氣的穿著，對預防陰道炎，著實有些幫助。」

開箱分享
孕產小教室

❶ 陰道感染源大部分是黴菌，即所稱的白色念珠菌，其分泌物呈白色或黃綠色乳酪狀。陰道內本來就有正常的乳酸桿菌，讓陰道環境維持在pH值4.5以下，不易受感染而致陰道炎。長期使用抗生素，常是造成白色念珠菌感染的原因。陰道炎除黴菌感染外，也有可能是細菌性或滴蟲感染。

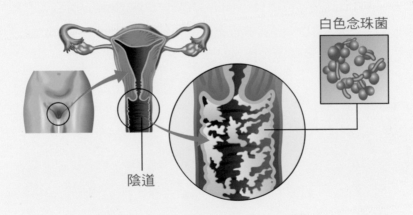

白色念珠菌

陰道

❷ 孕期若有病原體侵入陰道，也會向上感染，使羊膜變脆弱，而導致早期破水，造成早產。因此，孕婦的陰道分泌物，如有異常顏色或味道、外陰搔癢等情形，可使用陰道塞劑，或止癢藥膏。同時，要穿著乾鬆、透氣的衣物，也要常打開窗戶，讓陽光及空氣透進來，就可有效預防陰道炎唷！

HPV疫苗施打因懷孕而擱置
子宮頸疫苗

　　媽咪施打了第一劑HPV疫苗後，發現懷了我這個小寶貝。媽咪問醫師有關子宮頸疫苗施打的事情，醫師回答說：「醫學上，施打了HPV疫苗後，才發現已懷孕，並不是不能繼續懷孕，但應將第二劑、或第三劑的HPV疫苗注射延遲，等到生產後再來注射。」醫師接著又說：「媽咪如果是餵母奶，也是可以施打HPV疫苗的。其實，因為產後的子宮頸會有外翻現象，容易接觸到HPV病毒，而致產生子宮頸的病變，所以建議產後的媽咪，可以在此時接種HPV疫苗。」

開箱分享
孕產小教室

❶ 文獻報告指出，子宮頸癌與人類乳突病毒（HPV）有高度的相關性。若能施打HPV疫苗，就可預防人類乳突病毒的感染，其保護效果可達70％～90％。雖然HPV疫苗不是活性疫苗，不會影響胎兒，但目前仍建議懷孕期間不予施打。

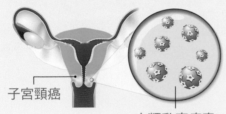

子宮頸癌

人類乳突病毒
（HPV）

健康的
子宮頸

子宮頸癌

❷ 人類乳突病毒（HPV）疫苗須施打3劑，所需時程是6個月。醫學上建議，施打疫苗期間最好避免懷孕。但是，當施打第一、第二劑期間意外懷孕，建議先暫停HPV疫苗的注射，其餘等到生產後再來施打。

不能忽視的菸害
三手菸

　　根據醫學報告，冠狀病毒在一般環境中，大概可存活7天。而即使是三手菸，也有報告指出，其殘留時間竟可長達6個月，豈可等閒視之。產檢時，爹地陪著媽咪一起凝視著超音波，醫師聞到一股相當濃厚的菸味。醫生輕緩地提到：「孕婦若有吸菸習慣，或是經常曝露在二手菸環境中，較易發生流產、胎兒罹患腦神經管缺陷，及子宮內生長遲滯性胎兒，也會影響到新生兒將來的智能發展，所以一定要儘量避免接觸菸品。」醫生又說：「所謂三手菸，也就是吸菸後，那些具毒性的微粒，會附著於衣服、傢俱、甚或玩具，而殘留至少6個月以上的時間。這些毒性微粒，不只是傷害吸菸者本人，也會傷害到新生兒的健康，也有讓寵物狗、貓罹患皮膚炎症的報告，還是要想辦法早點戒菸才好。」

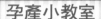

❶ 吸菸的孕婦容易併發哪些後遺症呢？據文獻報告顯示，吸菸的孕媽咪可能易引發胎盤早期剝離，而導致嚴重產前出血或早產的情形。另外，吸菸也易造成早期懷孕流產的可能，不可不慎！

❷ 孕婦吸菸對胎兒有哪些不良影響？吸菸對胎兒的傷害，與吸菸量的多寡有關。據醫學報告，每天抽1包菸的孕婦，比不抽菸的孕婦，增加了20%的胎兒週產期併發症；每天抽大於1包菸的孕婦，其胎兒週產期併發症增加到30%。即使孕媽咪只暴露在二手菸中，產出低出生體重兒的機率也可能增加20%。

❸ 大家可能對一手菸、二手菸比較熟悉，而以為不在居家環境中抽菸，就不會影響胎兒，那就大錯特錯了！所謂三手菸，就是吸菸後，具毒性的微粒，附著在衣服、甚或玩具，且會殘留至少6個月以上，也會傷害新生兒的健康。

子宮內的記憶印痕
胎教

有文獻證實，胎兒自第28週起，其大腦皮質其實已發達至有思考的能力，已具感知功能。爹地向醫師吐訴，認為媽咪遇事容易緊張、焦慮。醫師向媽咪說：「胎兒其實一直都是跟母親共憂喜。例如，剛出生啼哭不停的新生兒，母嬰肌膚親密接觸時，BB在胸前聽到媽咪心跳，啼哭就會靜止下來。」接著又說：「已有文獻報告指出，懷孕中的媽咪常唱著柔和的兒歌，給肚子裡的寶寶聽，將來出生後的新生兒，只要再聽到這首歌，馬上就會停止哭鬧，這就是在子宮內的記憶印痕。」

開箱分享
孕產小教室

❶ 據文獻報告，大約在受孕後的第20天，胚胎的大腦原基就形成；在2個月時，大腦溝回清楚顯現；在3～5個月時，腦細胞就處於發育的高峰階段，偶爾會出現一些記憶印痕；在6個月時，大腦皮質層的次結構基本也定型了；在7個月時，胎兒開始有了思考及記憶能力；在8個月時，大腦表面的主要溝回則完全形成。

❷ 有醫學研究報告，孕媽咪的血中皮質醇濃度，與胎兒羊水的皮質醇濃度，二者到了孕期第17～18週之後呈現了正相關，且隨著懷孕週數增加，關聯性愈強。皮質醇又被稱為壓力荷爾蒙，在壓力刺激下就會分泌。因此，人體若長期處於高壓的狀態，就會分泌過多的皮質醇，隨之使身體顯得更為疲累、且易憂慮、容易罹病。經諸多實驗的證實，孕媽咪的情緒狀態，對胎兒的生理反應是有影響的。

陰道出血

　　懷孕合併陰道出血，從懷孕初期到生產，都有可能發生。懷孕初期，要考慮到的是子宮外孕、先兆性流產、過期流產、子宮頸息肉等等。隨著懷孕週數增加，就要考慮到是否有前置胎盤、早產、前置血管、胎盤早期剝離等情形。媽咪已是妊娠第38週，向醫師主訴肚子一直硬硬的，也有陰道出血，很擔心會有如書上寫的胎盤早期剝離現象。醫師做了骨盆腔、超音波及胎心率檢查，看完胎心監測器記錄後說：「超音波並無發現有胎盤後血腫，胎心監測也無持續宮縮，而且胎心率曲線正常，目前無胎盤早期剝離現象。」接著又說：「媽咪擔憂的胎盤早期剝離，有時會有明顯的陰道出血，但有時陰道流出來的血是不多、隱晦的。當然，若子宮呈現持續、無間斷的收縮硬痛，即使陰道出血量不多，仍有可能是胎盤早期剝離，有時會造成胎兒窘迫，甚至會造成母親凝血功能異常。這些，我們醫護人員都會注意的，不用擔心。」醫生最後說：「目前，子宮頸已開張3公分，我們就安排住院觀察、待產，也會教您有關溫柔生產的技巧。」

開箱分享
孕產小教室

❶ 胎盤，它是提供來自媽媽血液中的氧氣與養分等，讓胎兒在子宮裡生長發育的轉運站。當胎兒娩出後，胎盤才會與子宮壁分離並娩出，如未等到胎兒產出，胎盤就開始出現部分、或是全部剝離的情形，即為「胎盤早期剝離」。

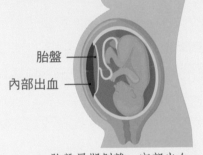

胎盤
內部出血

胎盤早期剝離，內部出血。

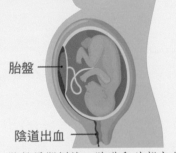

胎盤
陰道出血

胎盤早期剝離，陰道和外部出血。

❷ 典型的「胎盤早期剝離」症狀，包括陰道出血或腹部疼痛，會發生子宮強直性收縮、變硬。假如子宮一直無法放鬆，將會阻礙血流通過，導致缺乏血液供給，而造成胎兒窘迫。

❸ 值得注意的是，陰道出血雖為胎盤早期剝離的典型症狀，但初期出血可能積在胎盤後，未必都會從陰道流出來；也可能陰道流出來的血是不多、隱晦的。因此，「胎盤早期剝離」不一定會被早期診斷出來，有時很難事先預料，故有「隱形殺手」之稱。

臍帶也會隨著羊水脫垂
臍帶脫出

　　媽咪懷孕已28週，醫師說BB是臀位，並教導媽咪做膝胸臥式，以矯正我在子宮內的姿勢。醫師說：「有時媽媽破水時，臍帶會隨著羊水脫出，而危及胎兒生命。」醫師接著說：「胎位為正，但胎頭高併破水時，也有可能使臍帶脫出；但是，足式的臀位產，可能單腿或雙腿是伸直狀態，破水時容易伴隨臍帶脫出。」最後醫師又說：「若發現有臍帶脫出，要趕緊由醫師儘可能將臍帶塞回子宮內。此時，盡量讓母親採頭低腳高的姿勢，以減少因臍帶受胎兒身體的壓迫，而致有胎兒缺氧的狀況。最重要的是，盡快在幾分鐘內，將胎兒剖腹產出。因此，若經膝胸臥式矯正，BB的胎位仍是臀位時，可在38週後安排剖腹產，以減少破水致發生臍帶脫出的危險！」

膝胸臥式

開箱分享

孕產小教室

❶ 所謂胎位，是指胎兒在羊水腔中的姿勢。其影響的因素，與妊娠週數、胎兒大小、胎兒體重、多胞胎、先天性染色體異常等有關。另外，子宮肌瘤、先天子宮異常、胎盤著床位置、腹肌較為鬆弛的經產婦等，也會影響胎兒在羊水中的胎位。臨床上，足式的臀位產，破水時容易伴隨臍帶脫出。

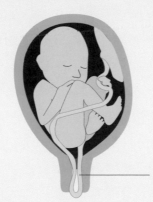

———— 臍帶脫出

❷ 在懷孕前3個月內，胎兒基本上是浮游在羊水腔中。在子宮內的胎兒，胎位隨時在改變。文獻報告，在妊娠第24週以前，大約50%的胎兒為臀位，即胎兒的臀部朝向子宮頸口；在第24～28週時，臀位比例降至約25%；在第32週時，臀位比例再降至約7%；到足月的分娩階段，臀位比例則只剩下約3%。因此，若妊娠第三孕期前是胎位不正，不必過度驚慌。

臍帶繞頸了！

　　我這個小寶貝可真調皮，在媽咪腹中第24週時，醫生在超音波上就看到臍帶套在小寶貝的脖子上，讓媽咪寢食難安。醫生說：「胎兒臍帶繞頸，其實並不少見，但時而會鬆掉，也時而再繞回來。我自己的三個孩子都是自然生產，其中有兩個，生產時都是臍帶繞頸，也都不礙事。」醫生又說：「BB臍帶繞頸，我們不可能在子宮內幫他解開，但媽咪可多留意一下胎動的次數，作為預測胎兒健康狀況的參考。若胎動顯著減少了，或過度地活動，就要來院做胎心率監測檢查。」醫生最後又說：「胎心率監測檢查，有時可推測臍帶有無打死結，那時的胎心率可能會有W形的減速。有時，臍帶過度扭結，胎心率呈V形下降，又緩坡才回復，若兼有胎心率變異性差、胎心率嚴重下降，那就表示胎兒陷危境，要儘快分娩。不過，若胎兒心率監測檢查正常，就依醫師的囑咐做產檢，不必過度憂慮，繼續注意胎動就可以了。」

開箱分享

孕產小教室

❶一般在懷孕第三孕期前，若胎兒出現臍帶繞頸，常發現會自行解開，不必太過擔憂。但在懷孕第三孕期，胎兒的活動空間變窄了，這時臍帶繞頸較不易自行解開，更要注意胎動，以監測胎兒健康情況。但是，不必太憂心，避免無謂的失眠！

❷我們可從超音波看到胎兒臍帶繞頸的情形，尤其4D超音波影像，更會讓孕媽咪留下深刻印象。臍帶繞頸情形，隨時會發生，也隨時會自行解開。有時臍帶繞頸時打了死結，那就可能造成胎兒窘迫，胎心率監視可能會有W形的減速。有時，又合併臍帶過度扭結，胎心率會嚴重下降，表示胎兒陷入危境，要儘快分娩。

胎兒臍帶繞頸

爹地貼心用熱毛巾幫媽咪暖腳

抽筋

　　媽咪半夜常小腿抽筋，問醫生是不是缺鈣了？醫生回答說：「鈣質缺乏，可能是小腿抽筋的原因之一。但是，如久站或過度走動，而造成小腿肌肉痙攣，也可能是原因之一。像在健身房訓練，教練會教如何放鬆肌肉，以避免肌肉痙攣，兩者道理是一樣的。」醫生又說：「懷孕期間，鈣質的適度補充，是不能忽視的。但當您發生小腿抽筋時，可請先生幫忙輕柔、按摩小腿肚，並將腳趾朝小腿前面方向適度反折，使小腿肌得以放鬆，而解除痙攣。若先生有時間，可輔以溫熱毛巾幫媽咪暖腳，那就更貼心了。」最後醫生又說：「懷孕最容易發生血栓，若腿部有不正常的腫脹，腿部皮膚有異常的溫度或顏色變化，又合併持續多日的疼痛，就要注意是否有血栓的可能，務必要趕快告知醫師唷！」

孕產小教室

❶ 隨著孕期體重逐漸增加，孕媽咪的腿部負擔逐漸加重了。如果走太多路，或是站太久，常會使腿部肌肉處於疲勞狀態，而引起腿部痙攣。若是在站姿時，發生腳抽筋，可先讓腳跟著地，再將腳掌平貼在地面；如果是在睡覺時發生腳抽筋，則可將腳掌平貼在牆壁上，或是將膝蓋打直，腳尖上翹，盡量讓腳板與小腿呈直角，並將腳趾朝小腿前面方向適度反折，使小腿肌肉得以放鬆、伸展，就可緩解痙攣。

❷ 以往，常認為孕期腳抽筋是缺鈣所引起。但最近有醫學研究指出，身體的鈣鎂不平衡也常會導致抽筋現象。因為鎂本身可讓小腿肌肉放鬆，而有助緩解腳抽筋、痙攣，所以孕媽咪除了要補足鈣質外，也要記得補充鎂唷！

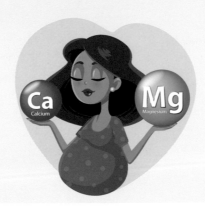

假陣痛或真陣痛摸不著頭緒？
產兆

　　希克氏收縮，也就是所謂假性宮縮，在妊娠後期會發生，有時也會出現疼痛。醫生說：「出現假性陣痛，躺下休息、或是四處走動走動、或變換各種姿勢後，這種宮縮就停止了。」醫生又說：「真陣痛常伴隨一些產兆，如落紅、破水、腰酸、腹痛及宮縮，陣痛的頻率會愈來愈頻繁，子宮收縮的強度愈來愈大，有時感覺胎兒愈來愈下墜，這就是接近臨盆的時候了。」醫生最後叮嚀說：「妊娠未滿37週生產就是早產，有早產現象的子宮收縮，與所謂假性陣痛，常造成孕媽困惑。畢竟，早期的宮縮，易促成子宮頸的開張與子宮頸長度變短，而造成早產。所以，有早發性宮縮情形，仍應由醫師評估及處理。」

開箱分享
孕產小教室

❶ 孕期中的羊水和外層胎膜，是保護胎兒的重要屏障。當胎兒受到外來劇烈力量的衝擊，或是病菌的感染，就容易造成破水。正常狀況下，胎兒成長到接近足月，有時胎膜會自然破裂，而造成破水。早期破水後，失去了胎膜的保護，胎兒將處在高感染的風險中。破水後，一般儘量讓胎兒在24小時內分娩，以減少母嬰被感染的風險

❷ 破水有所謂的高低位之分。高位破水的位置，是在羊膜離子宮頸較上方的高處，羊水滲漏的速度緩慢，流出的量也不多，一般孕婦很難察覺；低位破水的位置，是在羊膜靠近子宮頸的低處，羊水滲漏的速度較快，流出的量也較多，這種破水情形較為常見。

瓜熟蒂落意涵的比效普評分

催生

　　有時產婦因應臨床的需要，而考慮做催生引產。媽咪問及什麼情況下，催生才會順利成功。醫生回答說：「如同瓜熟蒂落的意涵，子宮頸的成熟度，就是影響催生是否會成功的因素之一。」醫生又說：「臨床上，Bishop Score（比效普評分）的總分是13分，若評分有9分以上，則很少會引產失敗。」醫生最後說：「也就是說，子宮頸硬度愈鬆軟、子宮頸的厚度愈薄、子宮頸擴張的程度愈大、胎頭的高度愈低，及子宮頸口位置向前，算出來的比效普評分就愈高，那催生引產就更容易成功。」

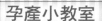

臨床上，常見需要催生的狀況如下：

　　1.胎兒的頭圍超過9.5公分時，為了避免胎兒愈來愈大，而無法自然生產，有時會考慮適時催生。產婦最不樂見的事情，莫過於「吃全餐」的狀況。也就是說，待產先經歷宮縮產痛的「前痛」，再經歷剖腹產、術後麻醉藥退後的「後痛」，還要再忍受傷口疼痛與產後宮縮痛的情景，能不顯得無奈與內心的酸楚嗎？

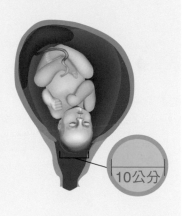

10公分

　　2.產婦有嚴重的子癇前症，經藥物治療仍效果不佳，為避免母胎健康惡化，就會在適當時候進行催生。

　　3.妊娠滿41週後，如果仍沒有產兆，為避免胎兒因胎盤功能老化，而發生胎兒窘迫，就會考慮進行催生。

　　4.妊娠第37週後，胎兒體重經兩次評估，發現胎兒並沒有成長，而且胎盤動脈血流阻力與臍帶血流不佳時，就應考慮適時讓胎兒提早離開子宮。

小寶貝喜歡自然分娩

自然產與剖腹產

　　媽咪問醫生說：「自然生產與剖腹生產，哪一個好呢？」醫生說：「自然生產只需要會陰局部麻醉，而剖腹產就必須半身脊椎麻醉，有時可能要全身麻醉，具較高度的生產風險。」醫生又說：「自然生產的媽媽，產後可立即進食及下床走動，恢復較快。但是，剖腹產的媽媽，就必須等不吐或無腹脹，才可漸進溫開水，體力也恢復較慢。」醫生最後又說：「雖然只有極少數人才會發生麻醉過敏，但有些媽咪可能因剖腹產而造成膀胱、腹壁、子宮壁、或骨盆腔的沾黏。有些媽媽，腹部傷口會產生肉芽腫、蟹足腫等。剖腹產發生傷口感染及大出血的機率也比自然生產來得高；此外，胎兒胸部因為沒有經過產道的擠壓，所以有較多機率會發生暫時性的新生兒呼吸窘迫現象。」我是媽咪的小寶貝，一方面為媽咪健康，一方面為小寶貝自己著想，非不得已，我還是喜歡自然分娩。

開箱分享
孕產小教室

自然產vs剖腹產

	自然產	剖腹產
優點	1.麻醉風險較低 2.身體復原較快 3.生產併發症較少 4.生產後可立即進食	1.避免產程中的特殊突發狀況 2.較不會感覺生產的疼痛 3.陰道無更加鬆弛的困擾 4.無會陰傷口的疼痛
缺點	1.會陰撕裂傷口疼痛 2.產後子宮、膀胱易脫垂 3.產前較易有宮縮的疼痛 4.產後較易有陰道鬆弛、尿失禁	1.手術、麻醉風險較高 2.傷口較易感染、沾黏、肉芽腫 3.出血量較多 4.產後復原較慢

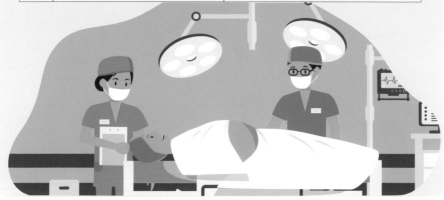

臀位產

胎兒若經過產道，就會刺激腦部呼吸中樞，而有助於新生兒自行呼吸。而且，胎兒的胸部，受到通過產道時的擠壓，會將肺部的羊水擠出來，有助新生兒哭聲宏亮起來，減少無法用力呼吸的「呼吸窘迫」發生率。小寶貝的媽咪已是懷孕第28週了，臀位朝下，請教醫師如何矯正胎位。醫生說：「臀位朝下在生產時，腳出來後，胎頭可能會被卡在產道，而有胎兒窒息的風險。」醫生接著又說：「膝胸臥式運動也許可矯正胎位，但要避免做的時間過長，而引發早產現象。有些醫師，會藉由給孕婦服用子宮鬆弛劑，協助做胎位外轉術，但也可能轉正後又轉回不正，另有報告因而導致早產或胎盤早期剝離情形。」最後醫生說：「胎位正，可以經由產道生產是最好的。但是，若初產婦為臀位產，或生產時胎兒體重小於1500公克，為避免新生兒腦內出血或其他生產傷害，選擇剖腹產仍是需要的。」

臀位產

胎位不正的原因，包括下列各種情形：

孕婦因素

● **曾經有胎位不正生產經歷之產婦**：如曾經有過臀位生產史，再次懷孕出現胎位不正的比例較高。

● **經產婦**：懷胎過的子宮較鬆弛，胎兒容易轉來轉去。

● **骨盆腔疾病的問題**：子宮有腫瘤(如子宮肌瘤)、子宮異常(如雙角子宮)、卵巢有腫瘤等。

● **羊水量的多寡**：文獻報告，懷孕時羊水過多或過少，胎位不正的比例較高。

● **前置胎盤**：胎盤位置過低時，有時會影響胎兒翻轉。

胎兒因素

● **多胞胎妊娠**：把子宮撐開擴大，胎兒有時容易翻轉，但有時反而不易轉正。

● **胎兒的體重**：體重太輕時，易在子宮腔內翻轉；體重太重時，原先胎位不正就不易轉回正常胎位。

● **胎兒本身有異常**：如胎兒脊髓脊膜膨出、胎兒基因異常、無腦兒、胎兒水腦症、或胎兒未成熟等。

溫柔生產的新樂章
老公陪產與溫柔生產

爹地跟媽咪一起參加了產前親子教室。醫師說：「溫柔生產呼吸法，可以讓媽咪輕鬆面對生產。」接著又說：「待產中，使用胸式呼吸法，先由鼻子慢慢吸氣，再由鼻子慢慢呼氣，透過冥想，氣順神凝，產痛自然會緩解。」醫師接著又說：「子宮頸開張2指時，當然也可選擇硬膜外疼痛控制。不過，夫妻也可做儀式化移動、利用產球跨坐，可有助產程的進展，又可減輕宮縮疼痛。尤其，當子宮頸尚未全開時，用張口淺呼吸，讓自己如入太虛之中，除可避免子宮頸水腫，又能讓產程更順利。」……上完醫師的一堂課，勝過看完一部書。

開箱分享
孕產小教室

溫柔生產

❶ 產婦在生產過程中,通常會歷經一些所謂的常規處置,即包括胎兒監視器、剃毛、灌腸、施打無痛分娩麻醉、架跨腳姿勢、會陰切開術等等。不過,隨著時代的演變,人們開始意識到分娩並非生病,可以不需要多餘的藥劑和醫療行為介入生產過程。

❷ 推動親善生產,讓生產過程更自然化、更具自主性,已成為e世代產科的趨勢。換句話說,孕媽咪希望能得到較溫柔的方式協助其順利生產,並有權選擇自己想要的生產方式,且生產過程就在友善和舒適的環境下進行。

❸ 孕媽咪從懷孕、產前和產程的每個環節,都可以跟醫護人員做充分討論,進而擬定一份自己想要的生產計畫書。讓孕媽咪在生產的過程中,留下一份美好的生產經驗,此即稱之為溫柔生產。

有若荷花出水般的分娩
產程

俗語說：「荷花出水有高低。」分娩經過時間的長短，的確也是因人而異。媽咪現已38週，2小時前破水，醫師內診發現子宮頸已開2公分。爹地問，寶寶大概多久後會自然分娩？醫師回答說：「目前宮縮不規則，而待產時間跟所謂3P有關。第一個P是子宮收縮力（POWER），第二個P是胎兒大小、胎位，及胎兒姿勢（PASSENGER），第三個P是骨盆大小（PELVIS）。目前胎兒體重估計是3000公克左右，內診並無發現骨盆形態有特別狹窄的特徵，且胎頭也下降了，只是缺乏足夠子宮收縮力，所以可考慮施打催產素，以縮短產程。」媽咪在子宮頸開張至4公分時，選擇做了硬膜外的無痛麻醉。結果，待產6小時後，子宮頸全開了，醫師教導媽咪閉氣用力，大約30分鐘後，我這個小寶貝就出生了。聽說，隔壁床的孕阿姨，入院時情況跟媽咪相同，現在子宮頸也快全開，應該很快就會產下小妹妹了。

❶ 所謂硬膜外麻醉，是用於產程的一種無痛分娩方法。此種麻醉需要以細針，經腰脊骨之間穿刺入硬膜外腔，在硬膜外腔內置入一條細膠管，再通過此細膠管注入局部麻醉藥物，將來自子宮及陰道的神經加以麻醉，以暫時失去其傳導痛楚感覺的功能。一般情況，麻醉藥約在 5～10分鐘內開始生效，而在20分鐘內達到止痛的效果。

❷ 下列幾種情況，產婦可能不宜進行硬膜外麻醉：

1.受傷部位容易瘀傷或流血不止者。

2.凝血因子異常、血小板過低、或有休克情況者。

3.孕婦有菌血症，或背部擬做注射的位置附近，
　有感染情形者。

4.曾接受背部手術，而背部有植入物者。

5.對於區域麻醉之藥物，曾有過敏記錄者。

6.目前正在使用抗凝血劑者。

硬膜外麻醉

159

第三篇

產後

不要推開小寶貝吸吮母乳
哺餵母乳

　　媽咪是職業婦女，所以特別詢問醫師關於哺乳的問題。醫師說：「母乳富含抗體，可減少新生兒腹瀉；另外，喝母乳可減少過敏兒，及減少將來氣喘的發生率。」醫師又說：「媽咪哺餵母乳，可減少母親將來罹患卵巢癌的機率，又可減少停經前乳癌的發生。」衛教小姐姐在媽咪產檢時，會提供一份生產計劃書，讓媽咪分享SDM（醫病共享決策）。因此，媽咪就堅定產後哺餵母乳，絕不會推開我這個小寶貝吸吮母奶的權利。

開箱分享
孕產小教室

餵母乳的好處

對寶寶：

● 初乳富含抗體，可增加新生兒的免疫力，例如減少罹患呼吸道、消化道等系統的疾病，及避免寶寶發生過敏現象。

● 母乳中的蛋白質、脂肪、乳糖、維生素、礦物質及DHA等成分，不但好消化，也是最適合嬰兒的營養來源。

● 親餵時，來自媽咪的肌膚接觸與撫愛、視覺與聲音的彼此互動，讓寶寶因熟悉媽咪的味道而更有安全感，有助於寶寶的身心健康。

對媽媽：

● 促進子宮收縮，減少產後出血。

● 減少乳癌、卵巢癌、及糖尿病等多種疾病的罹患率。

● 有助於產後體重的控制，對產後身材恢復有幫助唷！

● 若有規律的哺餵母乳，有助於自然避孕，但非百分之百唷！若要達到完善的避孕效果，仍需諮詢醫師。

● 出門在外，可隨時哺餵寶寶，經濟又方便，可省下不少配方奶粉的花費。

告別妊娠紋，不忘產後瘦身
產後運動與妊娠紋

文獻報告，想要告別妊娠紋，妊娠紋霜無法獨自達到。醫生說：「產後妊娠紋霜的使用，輔之以溫和按摩，固可達到消除一些妊娠紋，但無法達到所期盼的成效，還要加上產後瘦身運動，適度伸展腹部肌肉，才能打造美麗線條，兼具消除妊娠紋。」醫生又說：「產後運動何時開始？從何做起？端視產後傷口恢復情況而定，可諮詢接生的醫師。平躺仰臥，頭仰起向前彎，下額盡量貼胸，並收腹，再恢復成原姿勢的頸部運動，可幫助強化腹肌，增加膚質彈性。」醫生最後說：「另外，孕婦可嘗試做凱格爾運動，先仰臥，用肩及腳掌支撐住身體，臀抬高，收縮會陰、臀部及小腹約2分鐘，可預防尿失禁，強化骨盆肌力，增加腹部肌膚伸展性與彈性。」告別妊娠紋，不要忘記瘦身運動的奧秘，讓妳恢復產前美麗，且更加有魅力！

開箱分享

孕產小教室

　　妊娠紋常發生於懷孕24週以後，且以腹部最易產生。要預防或淡化妊娠紋，可嘗試以下幾種方法：

　　1.維持理想體重：在孕期中，要讓體重漸進式增加，且控制在理想範圍內，以減少真皮層的傷害，預防產生妊娠紋。

　　2.溫柔按摩：晚上沐浴後，可使用妊娠紋霜，在易生成妊娠紋的部位，進行溫柔按摩，有預防及淡化妊娠紋的效果。

　　3.適度運動：在妊娠紋尚未產生時，可透過適度運動，保持肌膚的彈性，減少妊娠紋的產生或明顯化；產後，可適時做簡單的肌力運動，除可恢復身材外，對消除或淡化妊娠紋也有幫助唷！

生下後，是另一個責任的開始
微基解密

我終於健康地呱呱墜地，爹地、媽咪興奮的心情，伴隨的是他們為我這個小寶貝責任的開始。醫護團隊提起基本新生兒先天代謝疾病的篩檢，會在出生後48小時內進行。醫師說：「有健保身分的媽咪，新生兒聽力篩檢可在出生後幾小時到3個月內檢查，完全由政府補助。早期發現有聽力障礙，可早期接受治療。」醫師又說：「當然，在做新生兒代謝異常疾病篩檢時，也可合併檢查新生兒聽損基因篩檢、先天性巨細胞病毒篩檢，及新生兒呼吸中止症基因篩檢。」醫師最後說：「另外，在新生兒產下後，醫師可在產房為其留下3公分的臍帶，送檢微基解密，除了瞭解寶寶的健康風險、用藥安全等多項幼兒期及成長期的個人基因解碼，亦可檢測眾所關心的流感及冠狀病毒風險，是e世代醫學的大進步。」

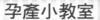

開箱分享
孕產小教室

新生兒篩檢清單：

1. 21項基本新生兒先天代謝疾病篩檢：目前是公費補助，檢查寶寶是否罹患代謝異常疾病，如半乳糖症、蠶豆症、先天性腎上腺增生症、先天性甲狀腺低能症等。

2. 新生兒聽力篩檢：目前是公費補助，檢查寶寶是否罹患「先天性傳導性聽損」及「先天性感覺神經性聽損」。

3. 其他自費篩檢部分：

● **特殊代謝異常疾病篩檢**：如龐貝氏症、黏多醣症第一型及第二型、脊髓性肌肉萎縮症(SMA)、腎上腺腦白質失養症(ALD)、嚴重複合型免疫缺乏症(SCID)等罕見疾病。

● **新生兒基因篩檢**：採集新生兒血液，以檢查各項基因序列是否正常，如新生兒聽損基因篩檢，及新生兒呼吸中止症基因篩檢等。

● **新生兒超音波篩檢**：如「腦部」、「腎臟」等部位可選擇檢查，以早期發現新生兒的先天性缺陷。

給小寶貝的第一份珍貴禮物
儲存臍帶血

　　媽咪問醫師：「聽說您的孫子、孫女都有存臍帶血？」醫師笑著回答說：「保存臍帶血並不是希望它用得到，但有時會成為『萬一』的一個機會。」醫師邊聊邊說：「臍帶血富含造血幹細胞，可以製造健康的血液、免疫等細胞，自體自用，無排斥問題，現在已取代了骨髓移植。」接著又說：「臍帶富含間質幹細胞，能分化成骨骼及脂肪細胞，更可分化成肝臟、肌肉組織和神經細胞，也抗排斥，對組織與器官的再生醫學，提升了相當顯著的移植功效。」最後醫師說：「在台灣，有血癌、白血病等疾病的患者，經由臍帶血移植，已有不少成功的案例。」說真的，上天在小寶貝出生時，總沒忘記再施予臍帶血及臍帶，這兩項寶貴禮物，意味著要我們BB生命長長久久。

開箱分享

孕產小教室

❶ 臍帶血，就是嬰兒出生剪斷臍帶後，留在臍帶與胎盤中的血液。臍帶血含有豐富的造血幹細胞，能分化成血小板、紅血球、及各種的白紅球等血液及免疫系統細胞。臍帶血用於治療的範圍，包括了癌症(如血癌)、血液疾病(如地中海型貧血)、先天性免疫系統不全、及代謝異常(如黏多醣症)等疾病。

❷ 臍帶血中的造血幹細胞佔有的比例最多，其次就是間質幹細胞。臍帶血的收集通常在斷臍後10分鐘內完成，採集後，要儘快送到臍帶血公司，將之儲存在攝氏零下196度的極低溫設備中。上帝一直以來從未把臍帶血這件寶物收回，就看我們如何將它安置在適合的地方！

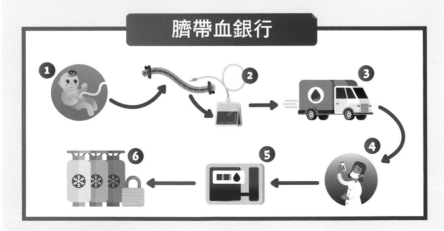

臍帶血銀行

BB的眼睛、皮膚黃黃的
新生兒黃疸

　　常人言，白晝的影子是短暫的，日落就會消失。生理性黃疸，在產後第2～3天出現，7天後消失，但是大部分的媽咪還是會擔心。醫生說：「胎兒在子宮的日子裡，膽紅素可經胎盤由母體排泄出去，但出生後的新生兒就得靠本身的代謝系統，自行將膽紅素排出體外。」醫生又說：「有生理性黃疸的新生兒，其身體狀況還是相當好。當然，我們仍要留意出生第一天膽紅素就異常升高的寶寶，可能要考慮是新生兒溶血性疾病、G-6-PD（俗稱蠶豆症）、先天性感染等。」醫生最後又說：「晚期性新生兒黃疸，如新生兒膽道閉鎖，大便灰白色，就要想到此疾病，要及早開刀治療。」生理性黃疸不必是媽咪揮之不去的陰影，一般產後1週就消失了。過早發生或延遲性的黃疸，則交由小兒科醫師細心診察就可以。

開箱分享
孕產小教室

❶ 新生兒的紅血球壽命較成人短，當紅血球崩解後會產生出膽紅素，由血液運送至肝臟代謝後，再經由膽管輸送，最後由腸道排出體外。當以上的代謝路徑發生問題，就會使血液中的膽紅素堆積，而讓寶寶眼白處的鞏膜及皮膚，看起來黃黃的，即所謂新生兒黃疸。

健康寶寶　　　　　　寶寶黃疸嚴重

❷ **生理性黃疸**：寶寶出生後24小時內，其總膽紅素數值＜5mg/dl，黃疸症狀於出生24小時後才會出現，第4～5天達到高峰，大多在7～14天內會消失。

病理性黃疸：寶寶出生後24小時內，其總膽紅素數值≥5mg/dl，或每日黃疸指數呈現快速上升，則可能需要進行照光或換血治療。

新生兒低血糖症

常聽人說，新生兒好睡是好養，不全是對的。新生兒剛出生後，甚至一天睡至22小時，有時算是正常，當然，超過22小時就會被稱為嗜睡了。醫生說：「新生兒出生後，尤其早產兒、低體重兒或妊娠糖尿病母親分娩的新生兒，較多比率會發生低血糖症，要儘早測量血糖，並做矯治。」醫生又說：「新生兒除了大部分時間都在睡覺，如果還有多汗、蒼白、無力、呼吸異常、發抖，甚至抽搐等現象，要視為一種警訊。」醫生最後又說：「新生兒持續低血糖過長，可能發生神經系統發育遲緩的後遺症。照顧者若發現新生兒疑似有低血糖的臨床症狀，宜立即告知小兒科醫師，以做適當處置。」所以說，新生兒能睡、能吃是好養，但嗜睡、不吃，照料者就要當心了。

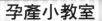

❶ 據醫學研究報告，有高於90%的血糖，是被消耗在新生兒的腦部發育。所謂新生兒低血糖，指足月兒出生3天內，其血糖值<35mg/dl，早產兒則為<25～30mg/dl。出生3天後，若重複有血糖值<50mg/dl之情形，可能會發生神經系統發展遲緩的後遺症。

❷ 如何治療新生兒低血糖呢？原則上，新生兒的血糖值要維持在40mg/dl以上，才能避免發生神經系統的損害。若新生兒屬於低血糖的高危險群(如媽媽有妊娠糖尿病)，在胎兒出生後，要立即檢測血糖值，提早餵食母乳或糖水，並於出生後2、4、6、12和24小時追蹤血糖值。如果血糖值太低，則追蹤頻率要更頻繁，以提早發現低血糖，而能立即加以治療。

新生兒低血糖

提早餵食母乳

親子同室

　　小寶貝就睡在媽咪的床榻邊，不會壓著，也不怕離失，小小臉蛋每秒都映現在媽咪眼中，心繫一起。護理師阿姨來量TPR，小寶貝的體溫都維持在額溫36.3℃～36.9℃之間，呼吸每分鐘都介於42～48次之間，心搏率維持在每分鐘120～160下，血氧濃度每次測出都在98%～100%之間，都在正常範圍內。醫生查房時說：「新生兒出生後若24小時未解大便，要考慮是否有腸阻塞。大部分新生兒也是24小時內會解小便，若遲至48小時仍無尿，除了是脫水外，可能有先天泌尿系統異常。所以，24小時內要注意寶寶是否已大小便了。」醫生又說：「新生兒每3小時要餵奶，以避免發生低血糖。另外，若新生兒口腔有過多泡沫流出，必須考慮是否有食道閉鎖，不可不慎。」醫生最後說：「若新生兒臉部表情很痛苦，或發紺、有膽汁樣嘔吐物，或有抽搐、厭食、無力，要趕快通知醫護人員。」原來，親子同室可增進親子情感，還可訓練父母協同照顧孩子的能力，但疫情期間，要做好防疫，避免親子感染。

❶ 所謂新生兒腸胃道阻塞，就是包括食道、胃、小腸、大腸、肛門的任何部位，發生了阻塞現象，尤以十二指腸最為常見。據文獻報告，正常新生兒，在出生後24小時內解出胎便者佔94%；若超過24小時仍未解胎便，就應懷疑是否有腸阻塞的可能。

❷ 若妊娠時有子宮內羊水過多，出生後的新生兒，出現嚴重的腹脹、嘔吐、又無胎便排出，即須懷疑是否有腸道阻塞。新生兒的腸狹窄、或腸閉鎖會引起腸腔阻塞，嚴重時會導致腸壞死，所以能越早治療，其預後才越佳。

❸ 所謂生命徵象測量，是指體溫(temperature)、脈搏(pulse)、呼吸(respiration)及血壓(blood pressure)的測量，簡稱為TPR & BP。

生命徵象測量

兒科醫師阿姨的專業與溫柔
小兒超音波檢查

　　我這個小寶貝產前被發現右側腎盂有擴大情形，媽咪很擔心，醫師建議說：「小兒科醫師可在新生兒出生後，經由超音波檢查腎臟或腎盂有無異常。」產檢醫師也說：「新生兒出生後1個月內，前囟門尚未閉合，很適合做腦部超音波。尤其出生體重小於1500公克的寶寶，可追蹤有無腦室出血、腦室擴大或腦水腫情形。有些胎兒產檢時姿勢不良，產檢超音波較不能看到全貌，可藉此期間做一次新生兒腦部超音波檢查。」小兒科醫師阿姨會到嬰兒室為新生兒做全身檢查，當然也會溫柔地幫BB檢查髖關節有無異常。至於超音波檢查更是專業，仔細檢查後再詳盡地向媽咪解釋檢查結果，我這個小寶貝真是幸福。

開箱分享
孕產小教室

❶ 新生兒腦部超音波檢查，在新生兒1歲半前施行是最適合的時間。腦部超音波，可檢查出大部分的腦部病變，如腦室出血、腦室擴大、腦水腫、腦梗塞、硬腦膜下血腫及動靜脈畸形等。

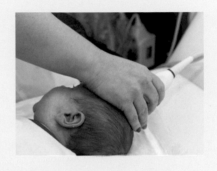

❷ 據醫學研究報告，發展性髖關節發育不良，就是胎兒在子宮內成長時、或嬰兒在出生後的成長過程中，因髖關節長時間維持不良的姿勢，而導致髖關節發育不良。發展性髖關節發育不良，會造成股骨頭不穩定或壞死、患肢會較短、甚至有些會導致脊柱側彎等後遺症。新生兒患者，若能早點佩戴「帕氏吊帶」，讓雙腿保持充分彎曲與外張的固定狀態，直至髖關節長好為止，其治癒率仍可高達9成以上唷！

帕氏吊帶

做對了，成為推動搖籃的一雙手
嬰兒搖晃症候群

　　爹地跟媽咪選擇與我親子同室，爹地請教醫師如何搖抱我這個小寶貝。醫師說：「搖抱新生兒不是不可以，但不可用力搖晃，也不要抱著寶寶用力旋轉。」醫師又說：「有所謂『嬰兒搖晃症候群』，就是因劇烈搖晃嬰兒，導致嬰兒腦部血管破裂，而引發硬腦膜下血腫或蜘蛛膜下腔出血，常會伴隨視網膜出血跟腦水腫。」醫師最後又說：「此種症候群可能造成新生兒嗜睡、躁動不安、抽搐、意識受損，有時會呈現食慾不好、嘔吐及異常呼吸情形，可以說致命性很高，易發生發育遲緩、癲癇發作、腦性麻痺等諸多後遺症，不可不慎。」

❶ 有文獻報告，嬰兒搖晃症候群，大約有43%是人為因素所造成，85%發生在1歲以下的嬰兒，病患可能出現嗜睡、哭鬧、躁動不安、嘔吐、抽搐、食欲不好、呼吸急促等症狀，也有些嬰兒出現硬腦膜下血腫或蜘蛛膜下腔出血。若發現以上症狀，應儘速就醫唷！

❷ 寶寶一直出現情緒不穩時，常會使照顧者失去耐心，若安撫許久仍未見改善，不妨就先將寶寶放回嬰兒床，等自己心情平復後，再回來輕抱著小寶貝，可避免在失去耐心下，用力搖晃寶寶也不自知唷！

❸ 目前，國民健康署有補助未滿7歲兒童保健服務，以保障寶寶得到應有的醫療照護。媽咪可攜帶兒童健康手冊及寶寶的健保卡，至相關醫療院所，以供醫護人員參考，並進行寶寶生長發育的健康評估。

新生兒啼哭

　　生下孩子後，嬰兒的照護就成為父母夜半心頭最掛意的一樁事。嬰兒健康的分秒變化，全落在父母的肩上，尤其聽聞嬰兒啼哭的反應，就是最有力的見證。媽咪在產後檢查時向醫師詢問新生兒啼哭的問題。醫生說：「孩子啼哭，可能是餓了，會有一直尋奶的動作；或是排便後小屁屁不舒服，也會有這種情形。」醫生又說：「孩子不安、哭鬧，伴隨嘔吐、有粉紅果膠樣大便，就要想到有無腸套疊現象；另外，嬰兒有腹股溝疝氣時也常會哭鬧不安，有時伴有嘔吐現象，不可不慎。當然，有這些情形要趕緊到醫院看診，以便做緊急處理。」

開箱分享
孕產小教室

❶ 腸套疊，是指前端的腸子套入遠端的腸子裡，而導致腸道發生阻塞。文獻報告，腸套疊好發於3個月大至6歲的孩童，但有80%是發生在2歲前。一旦懷疑可能罹患腸套疊時，應立即送醫，以避免導致腸道壞死等併發症。

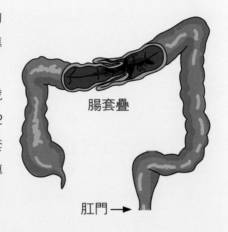

腸套疊

肛門→

❷ 若孩子哭鬧不安、伴隨嘔吐、有粉紅果膠樣大便，就要高度懷疑腸套疊的可能。由於腸套疊的腸壁血液循環受到了影響，其靜脈與淋巴液的回流也會受阻，造成淋巴液的外滲，導致腸壁的血液供應被阻斷，因而造成腸壁的壞死，不可不慎！

產後避孕

　　媽咪問醫師產後避孕的方法，想了解哪一種最有效。醫師說：「若已生兩個以上孩子，不想繼續生育，輸卵管結紮是最有效的，失敗率約2‰；當然，若先生願意做輸精管結紮，成功率也有99%。」醫師又說：「當然也可選擇口服避孕藥，成功率99%，但正在哺餵母乳的媽咪，或有心臟病、糖尿病、靜脈曲張嚴重、有血栓病史者等，皆為禁忌。」醫師最後又說：「避孕方法端視媽咪身體狀況及需求，可做評估後選擇適合自己的方法。在產後6週後裝避孕器，成功率有97%。另外，即使只做保險套避孕，成功率也可達90%以上。」

開箱分享
孕產小教室

❶ 生產後，若是距離時間太近，又懷孕了，可能會使流產機率增高。若前一胎為剖腹產，而接著受胎的時間又太接近，先前的子宮傷口在生產時可能會破裂。所以，建議在產後6個月內，一定要避孕唷！

❷ 產後多久裝避孕器較合適呢？一般建議，等到產後42天惡露排出乾淨，且經過第一次月經結束後，子宮復舊到原來大小，再行安裝子宮內避孕器，可減少避孕器的脫落。

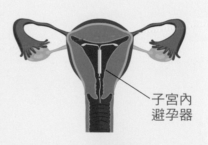

子宮內
避孕器

❸ 另外，值得一提的是，如果產後能讓小寶貝吃全母奶，雖然沒有百分之百，但也有相當程度的避孕效果。

關鍵文獻（key References）

Dubois J,et al:The early development of brain white matter: a review of imaging studies in fetuses,newborns,and infants.Neuroscience 12:276,2014

Wiegand Sl,et al:Idiopathic polyhydramnios:severity and perinatal morbidity.Am J Perinatal 33(7):658,2016

Adam MP,et al:Evolving knowledge of the teratogenicity of medication in human pregnancy.Am J Med Genet C Semin Med Genet 157(3):175,2011

Line HY,et al:Clinical characteristics and survival of trisomy 18 in medical center in Taipei,1988 -2004,Am J Med Genet 140(9):945,2006

American College of Obstetrians and Gynecologists:Prenatal diagnostic testing for genetic disorders,Practice Bullerin No,162,May 2016b

Tian-Jii Jou,Cyre-Ping Chen and Yi-Nan Lee:Clinical Analysis of Hydrops Fetalis. J Obstet Gynecol ROC,vol.28,No.1:1-9,1989

Yuh-Cheng Yang,Tian-Jii Jou,Chun-Hsien Wu,Kuo-Gon Wang,et al:The Obstetric Management in Very-Low-Birth Weight Infants.Asia-Oceania J Obstet Gynecol,vol.16,No.4 December 1990

Devoe LD,et al:The nonstress test as a diagnostic test :a critical reappraisal.Am J Obstet Gynecol 152:1047,1986

Briggs GG,et al:Drugs in Prenancy and Lactation,10th:ed. Philiadelphia,Lippincott.Willians&Wikins,2015

Brenner DJ,et al:Computed tomography-an increasing source of radiation exposure.N Engl J Med 357:2277,2007

Bouyer J,et al:Sites of ectopic pregnancy:a 10 years population-based study of 1800 cases.Hum Reprod 17(12):3224,2002

Berghella V,et al:Evidence-based labor and delivery management.Am J Obstet Gynecol 199:445,2008

Leveno KJ,et al:Second-stage labor:how long is too long?Am J Obstet Gynecol 214(4):484,2016

Herbert CM,et al:Prolonged end-stage fetal heart deceleration:a reanalysis. Obstet Gynecol 57:589,1981

Krivak TC,et al:Venous thromboembolism in obstetrics and gynecology.Obstet Gynecol 109(3):761,2007

Lennox CE,et al:Breech labor on the WHO partograph.Int J Gynecol Obstet 62(2):117,1998

Clart SL,et al:Neonatal and maternal outcomes associated with elective term delivery.Am J Obstet Gynecol 200(2):156.el,2009

Wu YW,et al:Cerebral palsy in a term population:risk factors and neuroimaging findings.Pediatrics 118:691,2006

Freeman JM,et al:Intrapartum asphyxia and cerebral palsy.Pediatrics 82:240,1988

Schauberger CW,et al:Factors that influence Weight loss in the uerperium. Obstet Gynecol 79:424,1992

Buhling KJ,et al:Worldwide use of intrauterine contraception: a review. Contraception 89(3):162,2014

Hendrix NW,et al:Sterilization and its consequences.Obstet Gynecol pSurv 54:766,1999

Hauth JC,et al:Management of pregnancy-induced hypertension in the nullipara. Obstet Gynecol 48:253,1976

Ptitchard JA ,et al:Clinical and laboratory studies on severe abruption placenta.

Am J Obstet Gynecol 97:681,1967

Berghella V,et al:Cerclage for short cervix on ultrasonography in women with singleton gestations and previous preterm birth:a meta-analysis.Obstet Gynecol 117(3):663,2011

Mission JF,et al:Pregnancy risks associated with obesity.Obstet Gynecol Clin North Am 42:335,2015

Berghella V,et al:Cerclage for short cervix on ultrasonography in women with singleton gestations and previous preterm birth:a meta-analysis.Obstet Gynecol 117(3):663,2011

Figures F,et al:Monitoring of fetuses with i ntrauterine growth restriction:Longitudinal changes in ductus venous and aortic isthmus flow.Utrasound Obstet Gynecol 33(1):39,2009

Harris DL,et al:Incidence of neonatal hypoglycemia in babies identified as at risk.J Pediatr 161(5):787,2012

Melville JL,et al:Depressive disorders during pregnancy.Obstet Gynecol 116:1064,2010

Bewley S,et al:Peer review and the Term Breech Trial.Lancet 69(9565):906,2007

Sexton M,et al:A clinical trial of change in maternal smoking and its effect on birthweight.JAMA251:911-915,1984

Crochet JR,et al:Does this woman have an ectopic pregnancy?The rational clinical examination systematic review.JAMA 309:1722-1729,2013

Wood S,et al:Does induction of labour increase the risk of caesarean section?A systematic review and meta-analysis.Obstet of trials in women with intact membranes. BJOG 121:674-685,2014

Halpern S,et all:Patient-controlled epidural analgesia for labor.Anesth Analg

108:921-928,2009.

Jewell D,et al:Interventions for nausea and vomiting in early pregnancy. Cochrane Dutabase Syst Rev.4:CD000145,2003

ACOG Committee Opinion.Moderate caffeine consumption during pregnancy. Obstet Gynecol 116:467,2010

Tabor A,et al:Randomised controlled trial of genetic amniocentesis in 4606 low-risk women.Lancet i:1287-1293,1986

Regnier S,et al:A case-control study of polymorphic eruption of pregnancy. J Am Acad Dermatol 58(1):63,2008

American Academy of Pediatrics and American College of Obstetricians and Gynecologists.Guidelines for Perinatal Care.8th ed.Washington,2017

Driggers RW,ct al:Zika virus infection with prolonged maternal viremia and fetal brain abnormalities.N Engl J Med 374(22):2142,2016

Schmeler KM,et al:Adenexal masses in pregnancy:surgery compared with observation.Obstet Gynecol 105:1098,2005

Greer BE,et al:Fetal and maternal considerations in the management of stag1-B cervical cancer during pregnancy.Gynecol Oncol 34:61,1989

Celik C,et al:Can myomectomy be performed during pregnancy?Gynecol Obstet Invest 53:79,2002

Regnier S,et al:A case-control study of polymorphic eruption of pregnancy. J Am Acad Dermatol 58(1):63,2008

Chervenak FA,et al:How accurate is fetal biometry in the assessment of fetal age?Am J Obstet Gynecol 178:678-687,1998

Hayward J,et al:Beyond screening for chromosomal abnormalities:advances in non-invasive diagnosis of single gene disorder and fetal exome sequencing.Semin

Fetal Neonatal Med.23:94,2018

Wang SM,et al:Low back pain during pregnancy:prevalence,risk factors,and outcomes.Obstet Gynecol 104:65-70,2004

Kramer MS,et al:Etiologic determinants of abruptio placentae.Obstet Gynecol 89(2):221,1997

Breastfeeding and the use of human milk.Pediatrics.129:e827-e841,2012

Reuter S,et al:Respiratory distress in the newborn.Pediatr Rev 35:417,2014

Maisals MJ,et al:Hyperbilirubinemia in the newborn infant=35weeks gestation:an update with clarifications.Pediatrics.124:1193,2009

Byrd JE,et al:Sexuality during pregnancy and the year postpartum.J Fam Pract.47:305,1998

Akgur FM,et al:Adhesive small-bowel obstruction in children:predictors of vascular compromise of the intestine.Pediatric Surgery International 7(2):113-115,Mar 1992

Kuppermann N,et al:Predictors of intussusception in young children. Arch Pediatr Adolesc Med 154:250,2000

McCarthy FP,et al:Association between maternal alcohol consumption in early pregnancy and pregnancy outcomes.Obstet Gynecol 122:830-837,2013

Guidelines for the Management of HIV Infection in Pregnant W0men.BHIVA,2012

Lilien LD,et al:Green vomiting in the first 72 hours in normal infants.Am J Dis Child 140:662,1986

Marie B,et al:Epilepsy associated with shaken baby syndrome.Childs Nerv Syst 24:169-172,2008

國家圖書館出版品預行編目資料

溫馨小孕語 / 周天給著. -- 初版. -- 新北市：
金塊文化事業有限公司, 2022.10
192面；17 x 23公分. -- (實用生活；59)
ISBN 978-626-96257-4-1(平裝)
1.CST：懷孕　2.CST：分娩　3.CST：婦女健康
429.12　　111013592

實用生活 59

溫馨小孕語

金塊 文化

作　　　者：周天給
發 行 人：王志強
總 編 輯：余素珠
美術編輯：JOHN平面設計工作室

出 版 社：金塊文化事業有限公司
地　　　址：新北市新莊區立信三街35巷2號12樓
電　　　話：02-2276-8940
傳　　　真：02-2276-3425
E - m a i l：nuggetsculture@yahoo.com.tw

匯款銀行：上海商業銀行 新莊分行（總行代號 011）
匯款帳號：25102000028053
戶　　　名：金塊文化事業有限公司

總 經 銷：創智文化有限公司
電　　　話：02-22683489
印　　　刷：大亞彩色印刷
初版一刷：2022年10月
定　　　價：新台幣380元／港幣127元

ISBN：978-626-96257-4-1（平裝）